全球产品包装设计经典案例

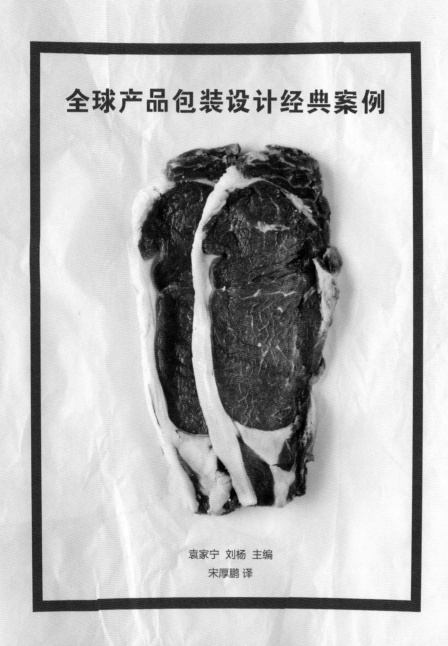

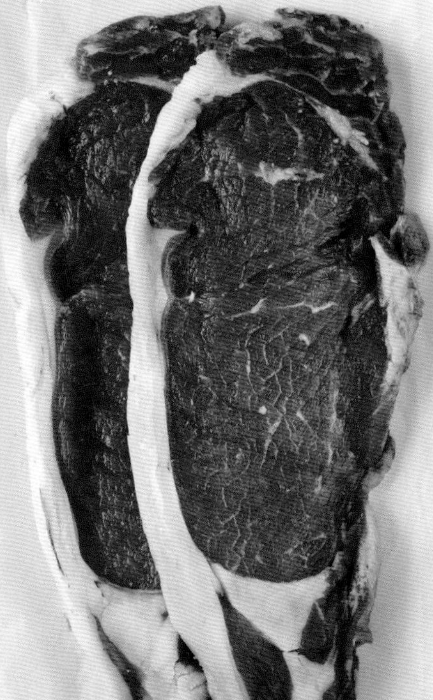

袁家宁 刘杨 主编

宋厚鹏 译

中国画报出版社 · 北京

图书在版编目（CIP）数据

全球产品包装设计经典案例 / 袁家宁，刘杨主编 ；
宋厚鹏译. -- 北京 ：中国画报出版社，2022.3
ISBN 978-7-5146-1876-1

Ⅰ. ①全… Ⅱ. ①袁… ②刘… ③宋… Ⅲ. ①包装设
计 Ⅳ. ①TB482

中国版本图书馆CIP数据核字(2020)第038599号

北京市版权局著作权合同登记号：图字01-2020-1137

全球产品包装设计经典案例
袁家宁 刘杨 主编　　宋厚鹏 译

出 版 人：于九涛
策　　划：迪赛纳图书
责任编辑：李　媛
责任印制：焦　洋
营销编辑：孙小雨

出版发行：中国画报出版社
地　　址：中国北京市海淀区车公庄西路33号　邮编：100048
发 行 部：010-88417438　010-68414683（传真）
总编室兼传真：010-88417359　版权部：010-88417359

开　　本：16开（880mm×1230mm）
印　　张：20
字　　数：100千字
版　　次：2022年3月第1版　2022年3月第1次印刷
印　　刷：北京汇瑞嘉合文化发展有限公司
书　　号：ISBN 978-7-5146-1876-1
定　　价：198.00元

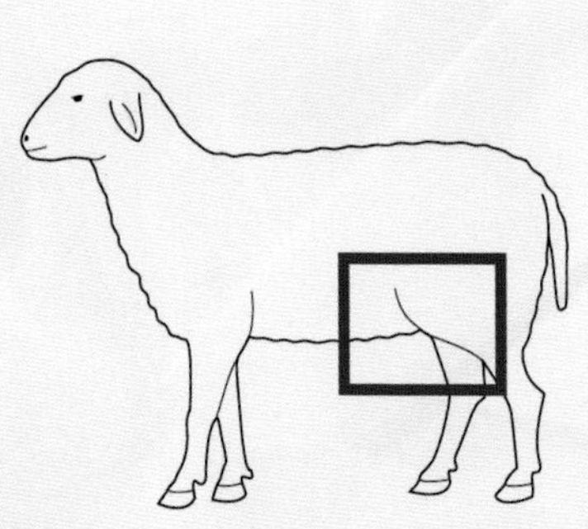

Take me away please!

带我走吧!

之间设计是一家致力于品牌整合和品牌包装的视觉创意公司。多年来，之间设计一直坚信可以通过自己专业的技术来为社会公众打造最为创新的艺术作品，他们也希望自己的客户，能够在其科学、有效和国际化的设计模式下形成自己独特的品牌体系。公司的核心原则，即为通过满足客户的实际需求来打造可行的视觉形象，并且每一个项目的创意理念都必须以顾客的角度来进行相应的设计。

黎玉泽，2012 年毕业于贵州大学设计专业。现任贵州观复文化传播有限公司创意总监，贵州省美术家协会会员，妙物间设计工作室艺术总监。作品曾获得过多个设计奖项，其中包括 2012 年新埭强设计奖、2013 年中国（深圳）平面设计大赛入围奖。

自 2006 年以来，掌生谷粒就一直致力于利用日常生活中的普通大米来表现台湾的真实价值，因为以生态友好的方式来表现对家乡的热爱，一直深受台湾当地人民的喜爱。

Artless 是日本杰出设计师川上俊在 2001 年创办的一家国际品牌广告公司，其创办地点位于日本的两大国际都市，即东京与京都。多年来，Artless 一直致力于打造优秀的视觉传达设计和品牌形象设计，业务主要包括艺术设计咨询、企业形象设计、广告设计、影视设计、网页导航设计、用户界面设计、动态图形设计、产品设计、室内设计、建筑设计及标识设计等。“在创作实践过程中，我们从不以孤立静止的观点去对待艺术、设计、建筑及数字技术，因为我们认为每种艺术形式都是相互联系和相互作用的，它们既为我们提供了经验，也帮我们拓宽了视野。”

水稻创意公司（Rice Creative）是约书亚·布雷登巴赫（Joshua Breidenbach）和启安·德里恩（Chi-An De Leo）于 2011 年在越南胡志明市创办的一家品牌创意工作室，旨在为跨边界与跨文化的品牌形象界定新的体系框架。该机构在多年运营当中，一直都在致力于以最有效和最有力的方法来创造富有激情与个性的艺术作品。精益求精、尽善尽美是水稻创意公司长期秉承的原则，因为他们不仅意在追求每年都能打造出全新的作品，还旨在努力做到每一次的创作都能比上一次更好。该团队的业务主要涉及品牌形象设计和创意制作工艺，每一位创意成员都能够以自己独特的文化视角来打造最新潮的创意之作。

路佳妮（Jiani Lu）是加拿大多伦多的一名青年设计师和摄影师，主要致力于品牌设计、印刷设计、包装设计和书籍装帧设计等。路佳妮常常把自己比喻为一只猫头鹰，在生活中，她非常喜欢和朋友们在一起喝茶，并愿意多花一些时间与自己的小狗待在一起。

艾德丽安·纳吉（Adrienn Nagy）是一位现居于法国的匈牙利平面设计师，2013 年毕业于匈牙利布达佩斯艺术设计学院。艾德丽安目前是一位自由职业者，她在法国里昂已经为世界各地的客户创作了众多优秀的作品，她最擅长食品设计、包装设计、智能设计、绿色设计和排版设计等。

Busybuilding 是一个位于希腊雅典的综合性品牌设计工作室。其品牌设计团队拥有专业的创意师与技术师，业务主要涉及当代视觉传达设计、印刷设计、空间设计和数字设计等。Busybuilding 是希腊众多大型机构的会员，其中主要包括希腊广告传播通信协会（EDEE）、希腊客户服务公司（EIEP）以及希腊大厅装饰设计协会等。该公司的艺术作品曾在希腊与海外等多个国家展览过，并且荣获过多种不同的设计奖项，如 EBGE 设计奖、ERMIS 设计奖、欧洲设计奖、Pentawards 国际包装设计奖和红点设计奖等。

大鱼设计有限责任公司（Big Fish Design LTD）成立于 1994 年，是一家致力于为客户打造品牌设计和提供营销咨询服务的创意集团。自成立以来，该机构就一直致力于为社会大众和商业领域创作一系列作品，这其中包括 100 多项品牌形象设计、1000 本当代文艺作品、10000 套品牌包装设计、50 份营销策略方案、100 家网页策划设计、1000 部影视摄影指导、140 份商业广告及一部电影。

“设计是一门能够为人类和社会带来惊喜、快乐和灵感的学科”是布兰迪皮特多年来所坚持的理念。“在这个人人都是创意者的时代中，我们非常珍视和欣赏那些纯粹且精湛的工艺制作，因此为了与那些一流的工艺专家和战略设计集团联盟，我们一直都在以企业符合消费者理念的原则来树立本公司的品牌形象。面对当今各大品牌所面临的种种挑战，我们很愿意为其提供最为有效的设计方案，因为我们的设计不仅仅是在为客户制定简单的品牌准则，更重要的是旨在为他们打造一款能够突出品牌形象的视觉标识与包装设计。我们致力于为广大的商业客户设计最完美的品牌形象，也希望我们所创作的每一件作品都能使顾客满意。”

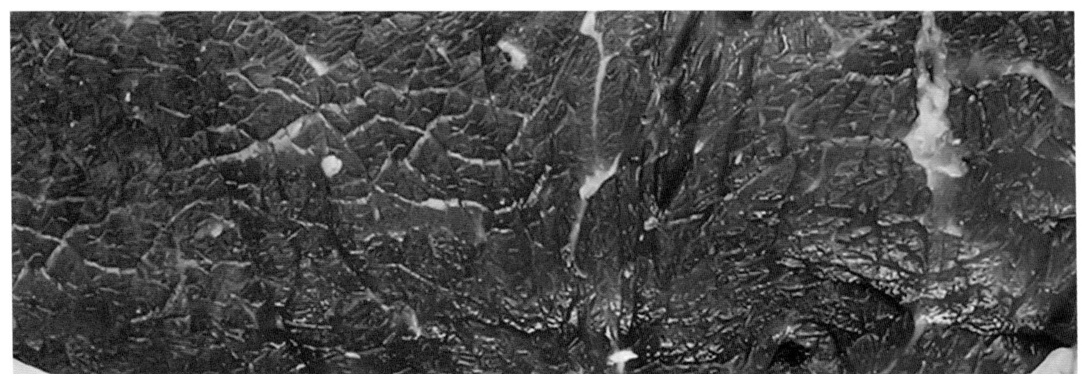

Agência BUD 设计公司

巴西
104—109

"我们之所以能够成功达成每一次目标，其根本原因就在于我们持有的动力。我们之所以做得比其他人要好，是因为我们坚信设计永远都会为那些相信设计的人带来光彩。我们始终前进，坚定着信念，因为只要努力，一切都皆有可能。将项目转变为成果、用积极的态度着眼于未来，是我们作为设计师理应去完成的本职工作。"

卡里纳·恩古兹

南非
110—111

卡里纳·恩古兹（Carine Nguz）是一位现居于南非开普敦的德国平面设计师与艺术总监。在过去的 9 年中，卡里纳一直致力于与各大设计机构和工作室展开合作，其所从事的业务主要包括品牌设计、书籍设计、包装设计、插画设计、展览设计和网页设计等。保持一颗好奇心对于卡里纳来说是非常重要的，因为她认为：思想的重要性就在于它源于现实生活中的每一处细节，基于这种本质，她始终致力于用自己的想象、知识和经验来打造和创建最为吸引人的艺术作品。

尤尼卡·万·斯卡尔奎克

南非
112—113

尤尼卡·万·斯卡尔奎克（Junika van Schalkwyk）是南非西北大学（波切夫斯特鲁姆）一名主修平面设计的学生。

夏洛特·福斯迪克

英国
114—121

夏洛特·福斯迪克（Charlotte Fosdike）是一位现居英国伦敦北部的澳大利亚设计师，她为世界各地客户所打造的工艺作品，多年来一直令人感到十分惊艳和难以忘怀。夏洛特专业创作过程中的重点，主要体现在灵感创意与工艺排版方面，在此基础上，她不仅旨在打造永恒且富有个性的作品，还意在创造具有美学和积极概念的品牌形象设计。

赫里斯托斯·扎菲里亚迪斯

希腊
122—123

赫里斯托斯·扎菲里亚迪斯（Christos Zafeiriadis）毕业于雅典技术学院平面设计专业，拥有设计艺术学学士学位，现工作于鲍勃设计工作室（www.bobstudio.gr.）。在工作中，赫里斯托斯十分喜欢与优秀的设计师、插画师、印刷师和艺术家展开合作，因为他认为只有与创意师们一同努力协作，才能够为客户们创作出最为优异的艺术作品。

Depot WPF 设计公司

俄罗斯
124—137

Depot WPF 是俄罗斯一家独立国际品牌设计公司，致力于为品牌公司提供多方面的设计方案，包括分析、定位、命名、文案、交际策略、视觉识别和包装设计等。公司成立于 1998 年，"十几年来，我们先后创作了 1500 多个品牌项目，参与了各类产业集团的发展活动，并且得到了国内外各大产业集团的一致好评。"多年来，俄罗斯创意产业协会一直将 Depot WP 评定为当地最富有创造力的设计集团。该机构的艺术作品曾荣获过多次设计奖项，如戛纳金狮奖、Decline 设计奖、Eurobest 奖、Epica 创意奖、金鼓奖（Golden Drum）、金锤奖（Golden Hammer）和 ADCR 奖等。

康伊桑

马来西亚
138—141

康伊桑（Ethan Kang）常把自己视为一个冒险主义者，因为他能够凭借自己的实力和勇气去创造一系列新潮罕见的东西。康伊桑对艺术创作有着无穷的激情和渴望。多年来，他一直致力于创作人们意想不到的设计作品，其中主要包括标识设计、版式设计、排版设计和字体设计等。

凯尔·马修斯

加拿大
142—143

凯尔·马修斯（Kyle Matthews）毕业于多伦多约克大学设计学专业，获学士学位。从业几年来，凯尔以自由职业者的身份已经创作了一系列优秀的作品，如想了解详情，可登陆网址：www.kyol.ca。

FAUNA 工作室

西班牙
144—147

FAUNA 成立于 2012 年，是位于西班牙巴塞罗那的一家创意工作室。该机构主要致力于通过富有创造力的设计方案来帮助客户解决问题。

加勒特·史坦德

美国
148—151

加勒特·史坦德（Garret Steider）毕业于北得克萨斯大学，是一名现居美国得克萨斯州达拉斯的平面设计师。目前他正在参与国际美妆的一个视觉传达设计项目。加勒特对设计拥有着强烈的激情，有信心能够为世界设计出叹为观止的艺术作品。

玛莉安·西尔韦斯特、约翰娜·莱斯克

巴西
152—155

玛莉安·西尔韦斯特（Mariane Silvestre）是一名设计师和插画师，关于他的作品，请登录 http://mariane-silvestre.com/；约翰娜·莱斯克（Johanna Lieskow）是一名摄影师和设计师，关于他的作品，请登录 www.johannalieskow.com。

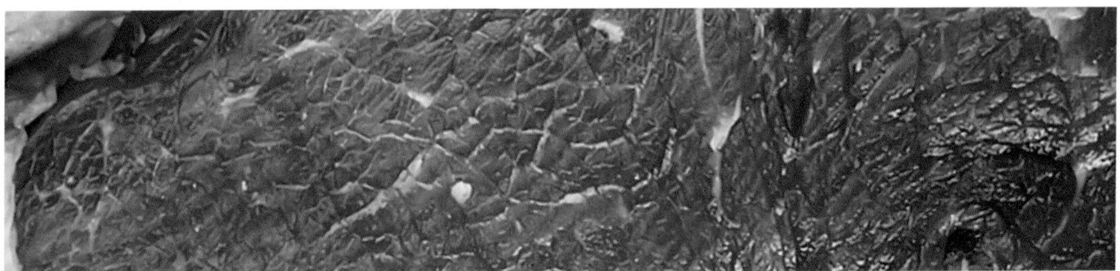

杰西·米歇尔

美国
156—157

"杰西·史密斯·沃尔特斯"（Jessie Smith-Walters）是杰西·米歇尔（Jessie Michelle）的艺名。目前，她就读于萨凡纳艺术设计学院，是一名主修平面设计专业的本科生。杰西的作品常常以丰富的色彩、文字和图案来表现，其设计的每一处细节，都能在不与传统形式相冲突的情况下尽显现代艺术的风采。

哈尼·杜瓦基

英国
158—163

哈尼·杜瓦基（Hani Douaji）是一位概念型平面设计师，2005 年就读于大马士革大学设计艺术学院，主修视觉传达设计专业，2009 年以优异的成绩获得了设计艺术学学士学位。在读期间，哈尼不仅对专业学习十分刻苦，而且还时常到外面去做兼职工作来检验自己的学习成果。2012 年，哈尼成功考上了中央兰开夏大学艺术表演学院的研究生，继续研读平面设计专业，2014 年 10 月以优异的成绩获得了设计艺术学硕士学位。毕业后，哈尼通过时钟创意通信公司的推荐成功加入了英国创意产业集团。他目前担任兰开夏郡电力销售部门的数字设计师。

农场设计工作室

美国
164—169

农场设计（Farm Design）是一个位于美国加州帕萨迪纳市的全方位服务创意工作室，曾屡获殊荣。无论在什么发展阶段，该机构都能巧妙地为品牌客户打造最富有创意的形象体系、宣传单页、包装设计、产品设计和网页设计等。为了树立自己的品牌形象，并在加州的设计领域建立自己的网络口碑，该机构与 LG 移动和本田技研工业等众多企业建立了合作关系。如今的农场设计已经发展成为一个多功能的创意工作室，其所服务的项目不仅涉及饮料、食品、娱乐、运动和营养等相关的健康设计，还包含娱乐、音乐、时尚和房地产等相关的商业设计。

Frutodashiki 工作室

俄罗斯
170—171

Frutodashiki 位于俄罗斯莫斯科，是一个汇集了众多青年设计师的优秀创意团队。该机构的每一位成员都对设计有着强烈的激情，他们创作的每一件作品都十分生动和有趣。

卡里姆·拉希德

美国
172—179

卡里姆·拉希德（Karim Rashid）是他这一代人中最为杰出的设计师之一，他在设计生涯中所积淀下来的业绩传奇，则完全可以从他所创作的 3000 多件作品，及他在 35 个国家中所荣获的 300 多个奖项中得以看出。卡里姆获奖的设计作品主要是针对那些大众品牌和室内装饰的创意项目，如嘉宝污物桶、Umbra OH 椅、森本饭店、美国费城酒店和雅典塞米勒米斯酒店等。除了获奖作品以外，卡里姆与客户合作设计的其他作品还包括：Method 产品设计、德沃吸尘器设计、阿尔泰米德与马吉家居设计、花旗银行与现代汽车品牌形象设计、LaCie 与三星智能设计、凯歌香槟与施华洛世奇奢侈品设计等。卡里姆的作品曾被 20 多个永久性的艺术年鉴收录，也曾在世界众多知名的艺术画廊中展出。此外，卡里姆还是一个常年获得优秀设计大奖的种子选手，其每年所荣获的奖项主要包括红点设计奖、芝加哥雅典娜博物馆优秀设计奖、《I.D.》杂志年度设计金奖及工业设计杰出奖等。

劳拉·索阿韦

意大利/比利时
180—191

劳拉·索阿韦（Laura Soave）1985 年出生在那不勒斯，是一个地道纯正的意大利人。2003 年主修平面设计专业，2006 年至 2009 年曾先后在两家出版社主管过封面设计的工作。为了向人生中更多的机遇挑战，他于 2011 年来到了比利时，而为了学习到更为先进的智能科技，他报名参加了布鲁塞尔计算机辅助设计研修班，进而掌握了丰富的技术与技能，如网页设计和应用程序设计等。来到比利时后，他先后在布鲁塞尔不同类型的设计公司中工作过，如 Prophets、These Days、Design is Dead、Bagaar 和 Design Board 等。

卢卡·巴科斯

匈牙利
192—195

卢卡·巴科斯（Luca Patkos）是一位来自匈牙利布达佩斯的平面设计师，就读于匈牙利艺术设计学院。她所从事的专业领域主要包括品牌形象设计、包装设计和插画设计等。

迈克尔·阮

澳大利亚
196—199

迈克尔·阮（Michael Nguyen）是一位来自澳大利亚墨尔本的设计师，目前就读于墨尔本皇家理工大学视觉传达设计专业，而在此之前，他专攻的方向则是建筑工程专业。极简主义设计、几何图形和日本文化是迈克尔十分青睐的创意元素，而且他的大多数作品都是在亚洲设计的灵感启发下创作出来的。此外，摄影与插画也是迈克尔所十分喜欢的设计类型，近期，他开始集中对包装设计和编辑设计展开了进一步的创作和学习。如想了解迈克尔的更多作品，请登陆 www.michaelnguyendesign.com。

穆萨工作实验室

葡萄牙
200—207

穆萨工作实验室（MusaWork Lab）是一家多功能的设计通信传播公司，由拉克尔·维亚纳（Raquel Viana）、保罗·利马（Paulo Lima）和里卡多·亚历山大（Ricardo Alexandre）于 2003 年在葡萄牙里斯本创办。多年来，该机构的工作实践一直都在强调标新立异和超越传统，即通过结合国际专业的创意人士和来自不同背景的广泛人才，使其与其他的创意集团形成鲜明的对比。穆萨工作实验室的每一个项目都是基于客户的特殊需求所创作的，因为同样的项目所针对的人群是不同的，所以仅设计一个方案往往是不能满足多样客户的品位和需求的。该机构致力于为客户提供成功的品牌传播策略和图形艺术概念，因为这些内容不仅可以使商业客户的品牌形象更为突出，还可以使其自身以更完美的姿态去吸引特定的产业用户。

羊皮纸工作室（Pergamen）

斯洛伐克
208—215

羊皮纸工作室是一个专门从事视觉传达设计的创意工作室。多年来，该机构一直致力于为客户打造最为杰出的品牌形象和提供最为有效的设计方案。羊皮纸工作室所设计的品牌形象能够清晰地传达企业及机构的信息，在他们的创意发挥下，这些现有的品牌体系不仅更富有活力，还在一定程度上显得极具魅力。

马扎·什切佩克

波兰
216—219

马扎·什切佩克（Maja Szczypek）2014 年毕业于华沙美术学院，获艺术学学士学位。马扎的艺术创作主要集中于通过详尽的语境和素材研究来打造情感设计。她所创作的视觉作品，也十分富有魅力效果和概念意义。

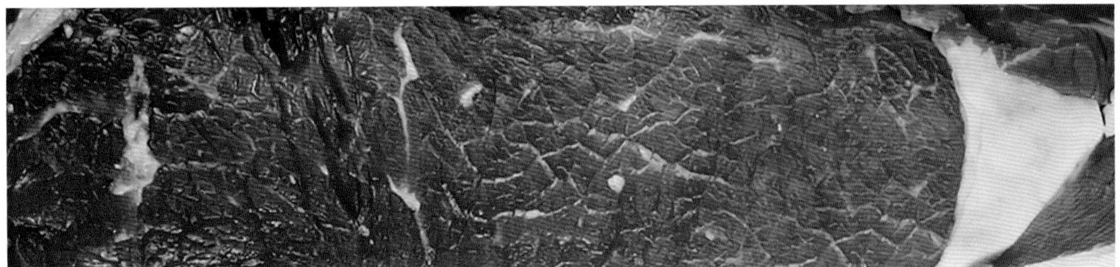

Moodley 品牌设计工作室

奥地利
220—231

Moodley 品牌设计工作室（Moodley brand identity）是位于奥地利维也纳和格拉茨的一家战略型设计公司。该机构自 1999 年成立以来，就一直致力于为企业和产品开发一系列具有时代意义的品牌形象体系。Moodley 认为，他们的创新项目无论是针对新兴创业、产品销售还是品牌定位，其核心理念都是为企业提供简单、时尚且情感化的设计方案。Moodley 的多元文化团队总共有 60 名成员，拥有强大的设计实力和丰富的灵感思维。该机构的作品赢得了众多商业客户的一致好评。

佩内洛普·圣西尔·罗比塔耶

加拿大
232—239

佩内洛普·圣西尔·罗比塔耶（Penelope St-Cyr Robitaille）原是一名业余摄影爱好者，她通过自己的努力考进了魁北克大学蒙特利尔分校的平面设计专业，并在四年的学习生涯中以优异的成绩获得了艺术学学士学位。

朱莉娅·赫尔曼、罗伯托·芬克

德国
240—241

朱莉娅·赫尔曼（Julia Hellmann）和罗伯托·芬克（Roberto Funke）是独立的平面设计师，一起合作已经有多年了。朱莉娅与罗伯托所提供的服务主要涉及创意指导、品牌设计、包装设计、印刷设计、编辑设计和网页设计等。“设计师是创意活动的引航人，而专注于探寻最有效的设计方法来执行最有意义的传播策略，则是设计师始终最为需要做的本质工作。”

Grantipo 工作室

西班牙
242—249

Grantipo 是一个专注于品牌设计和包装设计的创意工作室，其创办地点位于西班牙首都马德里。在创作过程中，该机构致力于将他们所接手的每一个项目都打造出与众不同的效果。他们在设计实践中所采用的创新方法，使得最终效果也一定能与预想中的状态保持一致。Grantipo 所提供的创意方案往往都是基于简约、有效且协调的设计形式所生成的。为了突破传统设计思维的束缚，他们近年来也一直在不断地去探索和尝试全新的创意模式。

沙波工作室

德国
250—257

沙波工作室（STUDIO CHAPEAUX）是一家精品设计公司，其业务主要包括品牌设计和空间设计。沙波工作室擅长提出问题、分析问题和解决问题，基于这种思维模式，他们能够将客户的理念与想法转变成完整的品牌体系。

动物园工作室

西班牙
258—263

动物园（Zoo Studio SL）是一家专注于平面和多媒体设计的创意工作室，其创作的商业项目都是具有国际传播性质的。动物园工作室的每一个平面作品都含有清晰的概念和简约的图形，这种表现形式的应用也在其视听设计和交互设计的体系构建中有所体现。

安德烈·莫雷拉

西班牙
264—267

安德烈·莫雷拉（Andre Moreira）是一位来自葡萄牙里斯本的艺术设计师，目前任西班牙马德里 Lola/ Lowe + partners 的创意总监。在此之前，安德烈曾在 Leo Burnett Lisboa 和 Brandia Central 等众多机构工作过，也为菲亚特、三星、菲利普莫里斯国际、欧莱雅、联合利华、美泰儿和沃达丰等各大知名品牌打造过广告设计、包装设计、印刷设计和形象设计等。

朱利安·何安科夫

德国
268—269

朱利安·何安科夫（Julian Hrankov）是一位现居于德国柏林的平面设计师，主要专注于品牌设计和字体设计。

Luckybox 工作室

以色列
270—271

Luckybox 是一个专注于提供专业平面设计服务的创意工作室，由利·萨阿德（Lee Saad）于 2009 年在以色列特拉维夫创办。利·萨阿德是一位平面设计师，2003 年毕业于伦敦密德萨斯大学特拉维夫分校的维塔尔申卡学院，主修视觉传达。近年来，Luckybox 在杂志、时尚、食品、化妆品和影视产业等方面的业绩十分出众，其所服务的范畴主要包括：标志设计、品牌设计、目录设计、包装设计、网页设计、时尚设计和插画设计等。

阿梅隆设计股份有限公司

德国
272—273

阿梅隆（Amelung Design）是一家位于德国汉堡的品牌传播设计公司，主要专注于运用创新的设计策略和传播模式，进而打造最为独特的品牌形象和品牌体系。

拉维尼娅 & 西恩富戈斯

西班牙
274—295

纳舒·拉维尼娅（Nacho Lavernia）和阿尔贝托·西恩富戈斯（Alberto Cienfuegos）的创作领域主要包括三部分，即企业形象设计、产品设计和包装设计。基于这三种创作类型的设计活动，纳舒和阿尔贝托在实践中逐渐成为具有敏锐观察力、创造性和新鲜想法的优秀设计师。他们为了在工作中能够获取更多的灵感源泉，常将一种设计类型的理念转移到另外一种领域来进行检验和应用。

克莱拉·拉姆、达·麦克卡什

美国
296—299

克莱拉·拉姆（Clara Lam）和达·麦克卡什（Tae McCash）是西雅图华盛顿大学视觉传达系的硕士研究生。

创意方法工作室

澳大利亚
300—319

创意方法工作室（The Creative Method）成立于 2005 年，该机构致力于以最好的创新方法来为客户提供最佳的设计方案。多年来，创意方法工作室一直在专注于打造最具有影响力的品牌形象设计，他们认为，只有通过合理的形式将好的设计与清晰的创意相结合，才能使艺术在任何一种学科中都能发挥其感性的美学效果。此外，创意方法工作室每年都会为澳大利亚大大小小的商业项目进行创作，并且为了将自己的声誉推向国际，还曾与全球众多的知名品牌展开过合作，如帝亚吉欧（英国、亚洲）、百事公司（美国、墨西哥）、三得利（日本）和可口可乐（日本）等。
创意方法工作室的每一个设计项目都力在追求创新，所打造的每一个品牌形象，也都是通过运用有趣的故事和视觉效果来加以表现的。

縱橫之美

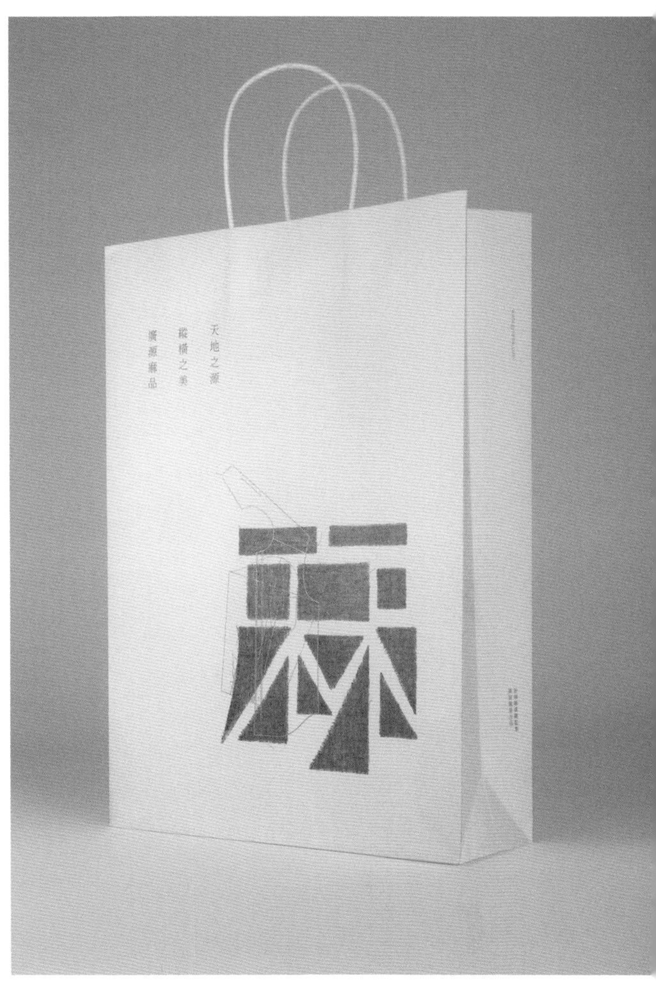

广源麻业——衬衫包装

在做这个设计的时候，我的头脑中浮现出了一幅温暖的画面。小时候母亲给我做衬衫时，先用粉笔把衬衫的版型图画在布料上，再进行裁剪、缝纫，于是一块方方正正的布料就神奇地变成了一件衬衫……我们循着这段温暖的记忆，在一整块麻质面料上按照“麻”字的笔画结构进行了裁剪，并用裁剪后被分解的面料重新组合成了新的“麻”字。

设计师：李玟
国家：中国
设计机构：之间设计
创意总监：李玟
设计总监：李玟
客户：广源麻业
摄影师：李玟、韦廉、赵薇

茗人名岩——茶包装

茗人名岩是武夷山的一个岩茶品牌，“茗人名岩”与“名人名言”谐音，“茗人”指的是茶人，“名岩”指的是岩茶生长的地理环境。由于谐音“名人名言”，我们把茶包装的系列命名为与语言有关的名称“茗吟”和“岩语”。

岩语系列：以山岩的形态设计了“岩”字，山岩契合了岩茶的生长环境特征，同时山岩上的岩刻和中国传统线装书的书写框结合，更契合了谐音“名人名言”，仿佛在那青山绿水间，茶人在娓娓道来关于岩茶的故事。

茗吟系列：运用了古拓片的语言形式设计了“茗”字，拓片材质为石质也与“名岩”产生关联。拓片承载着历史文化等信息，内容上可与名人名言产生关联。在“茗人名岩”标志和标准字上我们也突出了“茗”字的草字头和“岩”的山字头。一草一茶，一山一岩，山水和茶树环绕于天地之间，相互依存，相得益彰。

设计师：李玟
国家：中国
设计机构：之间设计
创意总监：李玟
设计总监：李玟
客户：武夷山金燕实业有限公司
摄影师：李玟、韦廉、赵薇

水仙
岩語
武夷岩茶
YANYUN \ SHUIXIAN
WUYI ROCK-ESSENCE TEA

TEA MASTER
GREAT MOUNTAIN
水仙
岩語

水仙

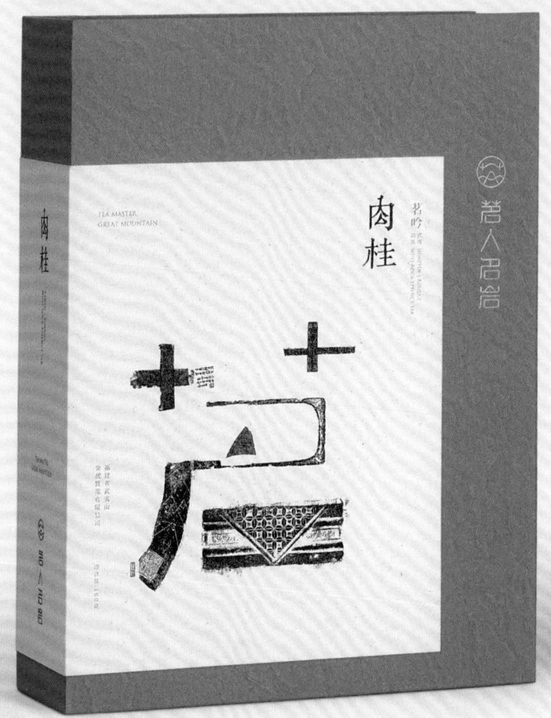
TEA MASTER
GREAT MOUNTAIN
肉桂
茗吟

肉桂

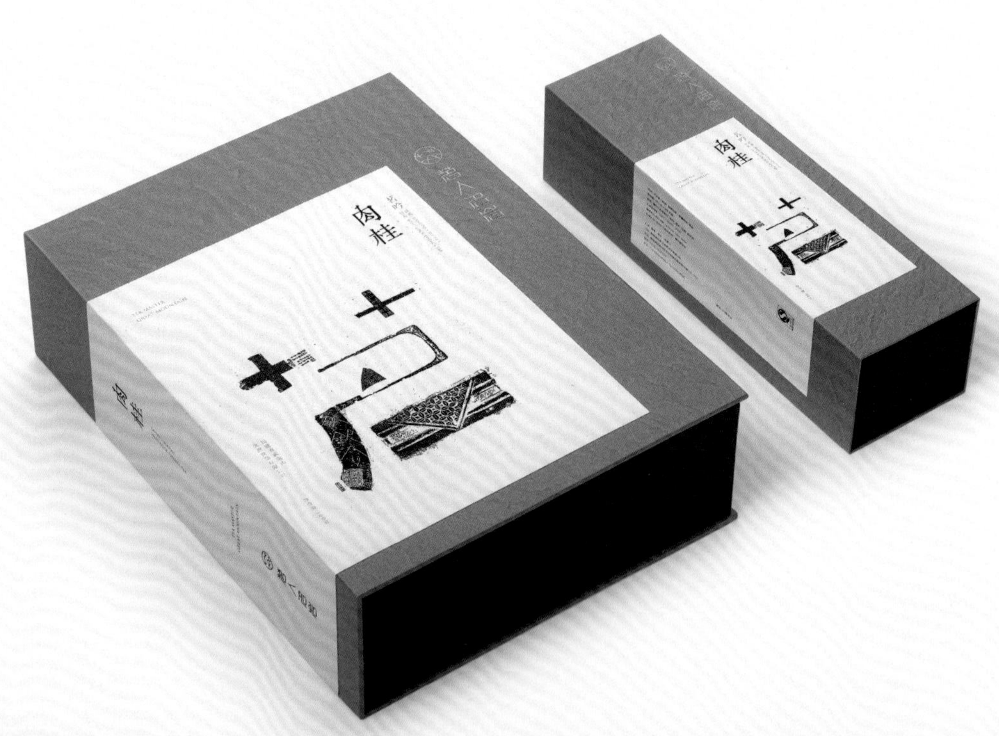
肉桂

茗人名岩——茶包装

设计师：李玟

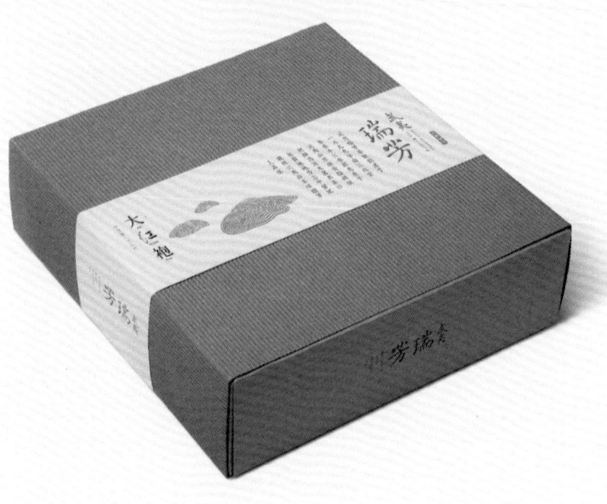

武夷瑞芳茶

武夷瑞芳茶号创建于 1899 年，由江氏岩茶泰斗江泰源先生于武夷山原崇安县码头创办，为清末著名茶坊。江老先生在茶叶的种植、加工等方面有许多独到之处，现今瑞芳茶庄第三代传人传承祖业，潜心问茶，所制大红袍、肉桂、水仙等精品汤色澄明、品味醇正。该作品设计于 2012 年，是之间设计为武夷瑞芳茶打造的一款品牌包装设计。

设计师：李玟
国家：中国
设计机构：之间设计
创意总监：李玟
设计总监：李玟
客户：武夷瑞芳茶
摄影师：李玟

瑞芳
WUYI
RUIFANG
TEA

贵州少数民族丝绸

贵州少数民族丝绸是贵州当地的一款本土品牌，其制作工艺不但具有一种独特而又丰富的文化魅力，还充分体现了当地淳朴的民族特色和人文风情。贵州少数民族丝绸图案常常被誉为“东方艺术之花”，该丝绸的制作集中采用了现代科技与贵州传统蜡染工艺，其艺术效果在突出现代风貌的同时又保留了本土特色。其品牌概念融合了传统、现代、时尚且个性的文化理念，其包装设计意在打破现代与传统间的界限，并使其理念能够深深地根植于消费者的意识之中。

设计师：黎玉泽
国家：中国
设计机构：妙物间设计工作室
创意总监：黎玉泽
设计总监：黎玉泽
摄影师：黎玉泽

黔巧柔
贵州民族丝巾
GUIZHOU
MINORITIES SILK

黔巧柔
贵州民族丝巾
GUIZHOU
MINORITIES SILK

洗涤说明
请单独或与同色衣物洗涤
请与近色衣物一同穿着
印花与柔顺剂不可混合洗涤

贵州民族丝巾
GUIZHOU
MINORITIES SILK

贵州少数民族丝绸

设计师：黎玉泽

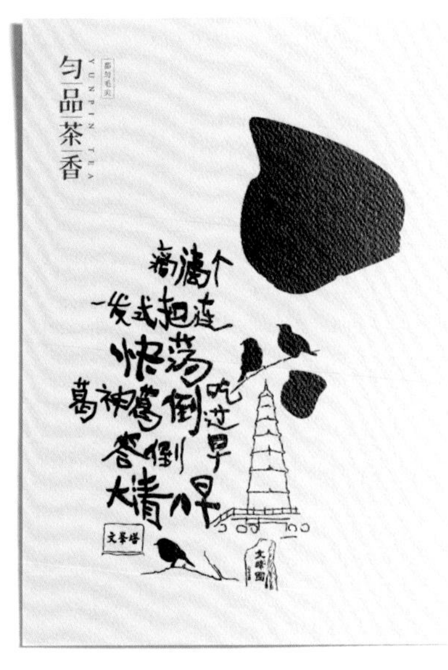
匀品茶香
YUNPIN TEA
都匀毛尖
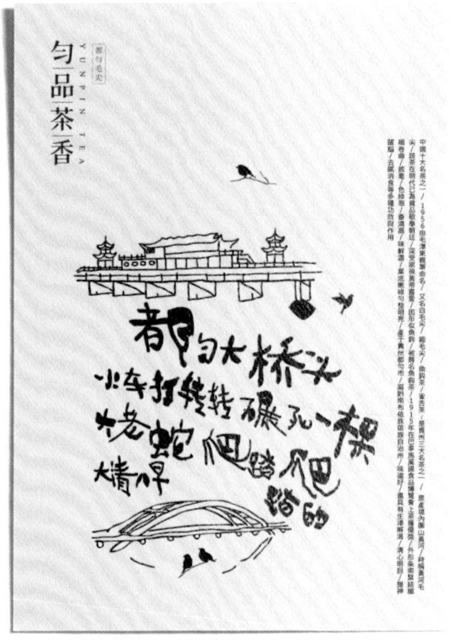
匀品茶香
YUNPIN TEA
都匀毛尖

匀品茶香
都匀毛尖

匀品茶香
都匀毛尖

匀品茶香

匀品茶源自都匀毛尖——中国十大名茶之一，1956 年由毛泽东主席亲笔命名，是贵州三大名茶之一。匀品茶品牌包装设计充分融入了自身的地域文化元素，其设计风格不仅赋予了该产品一种独特的个性与魅力，还在某种程度上塑造了其品牌的文化价值与内涵。

设计师：黎玉泽
国家：中国
设计机构：妙物间设计工作室
创意总监：黎玉泽
设计总监：黎玉泽
客户：独立品牌
摄影师：黎玉泽

The Spring Blossom
The synchrony of morning dew and floral trees

上帝恩赐的花园系列包装设计（一）

在该作品中，我们采用剪纸艺术表现了鲜花的独特之美，即在球根状蜂蜜玻璃瓶的盖子上，以心形剪纸的装饰效果塑造了鲜花绽放之时的艺术形态。正如您所看到的，该纸艺的艺术形态是由内外两层所组成的，其中内部的剪纸页面中含有丰富的产品信息，而外部的剪纸页面则以多样的花卉图案展现了鲜花绽放之时的自然魅力。当然，为了使具有保护功能的瓦楞纸盒更具有装饰效果，外部剪纸表面上的花卉图案，也被应用到了纸板盒的表面上，从而形成了一种典雅的艺术风格。

设计机构：掌生谷粒
国家：中国
创意总监：陈云意
设计总监：郭慧琳
摄影师：李建德

TREASURED FOR
2012
FORTUNE
PURE RICE WINE
MADE IN TAIWAN
PRODUCED BY
PRESENTED BY
真酒
38%

上帝恩赐的花园系列包装设计（二）

这是在中国生产的一种山茶花蜜酒，其酿制时间为 2012 年春末夏初。在该作品中，我们在球根状蜂蜜玻璃瓶的盖子上，以心形纸艺的装饰效果塑造了山茶花绽放之时的艺术形态。正如您所看到的，玻璃瓶上的白色标签中显示了大量的信息，而中国汉字的象形结构，则形象地展现了山茶花绽放之时的自然魅力。当然，为了使具有保护功能的瓦楞纸盒更具有装饰效果，玻璃酒瓶上的标签也被应用到了纸板盒的表面上，从而使其在朴素的旋律中与该产品形成彼此呼应的艺术风格。

设计师：郭慧琳
国家：中国
设计机构：掌生谷粒
创意总监：陈云意
设计总监：李建德
摄影师：李建德

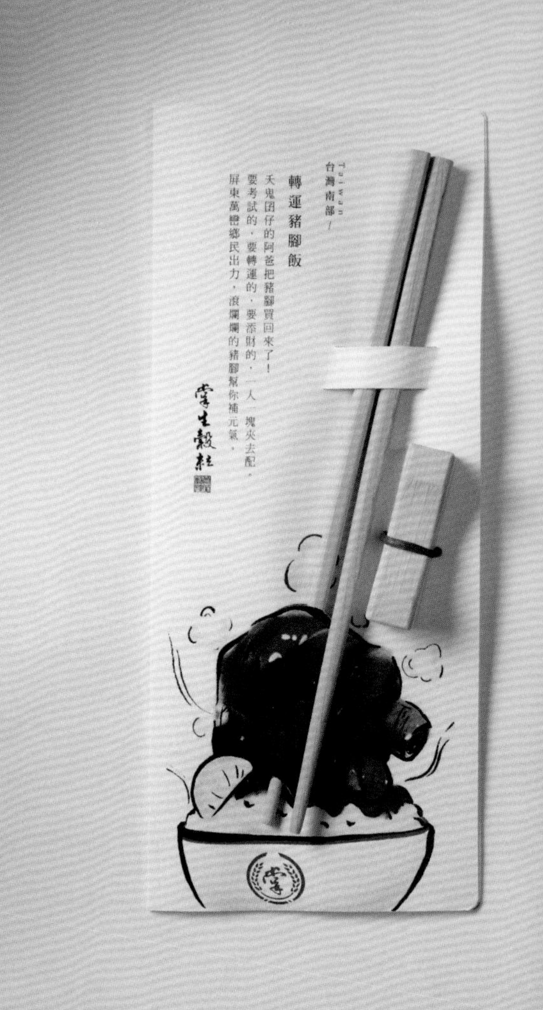

掌生谷粒——柏树筷子与柏树饭勺

在台湾的山脉上，有一种名为柏树的古老木材，我们今天日常生活当中所使用的筷子和饭勺，大多由这种天然木料制造而成。虽然这些木质餐具看似毫无装饰色彩，但它原始的手工制作和生产技艺，却始终保持着一种高水平。我们之所以要和您分享柏树筷子与柏树饭勺，是因为它们所蕴含的文化，代表了台湾人民五千年来所保留的一种传统烹饪艺术。

设计师：叶宇津
国家：中国
设计机构：掌生谷粒
创意总监：陈云意
设计总监：李建德
摄影师：李建德

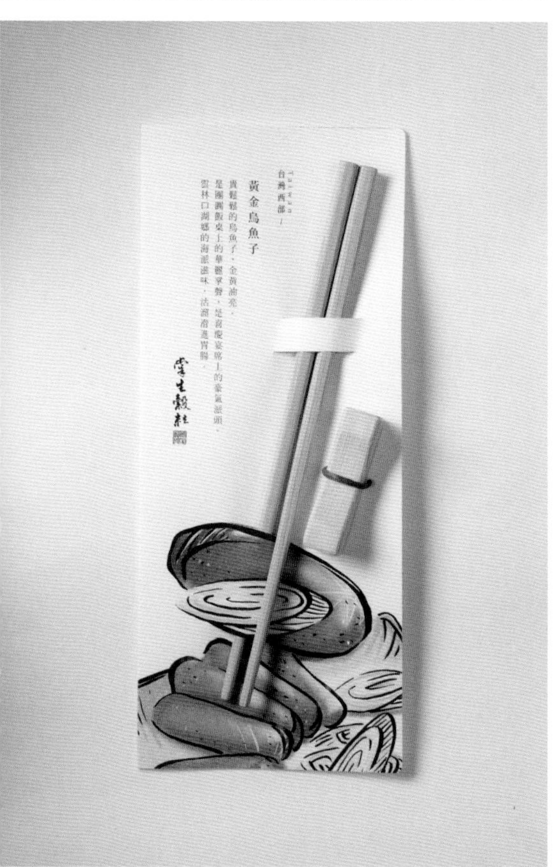
Taiwan
台灣西部 /
黃金烏魚子
貴鬆鬆的烏魚子，金黃油亮，
是團圓飯桌上的華麗擎盤，是喜慶宴席上的豪氣派頭。
雲林口湖鄉的海派滋味，沽溜溜進胃腸。
掌生穀粒

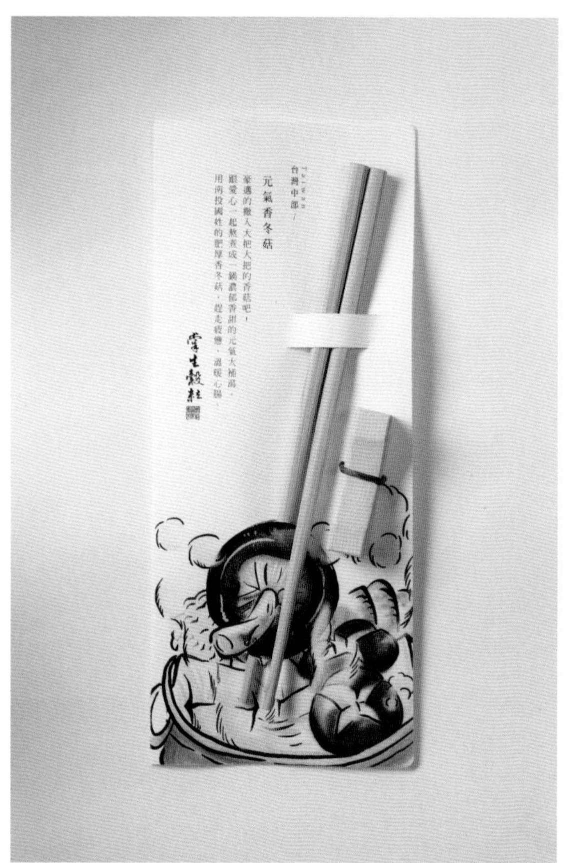
Taiwan
台灣中部 /
元氣香冬菇
豪邁的撒入大把大把的香菇吧！
跟愛心一起熬煮成一鍋濃郁香甜的元氣大補湯。
用南投國姓的肥厚香冬菇，趕走疲憊，溫暖心腸。
掌生穀粒

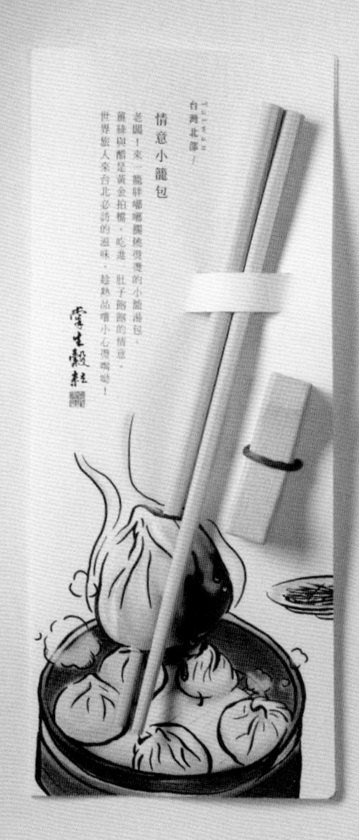
Taiwan
台灣北部 /
情意小籠包
老闆！來一籠胖嘟嘟攏總燙燙的小籠湯包。
薑絲與醋是黃金拍檔，吃進一肚子飽飽的情意。
世界旅人來台北必訪的滋味，趁熱品嚐小心燙嘴呦！
掌生穀粒

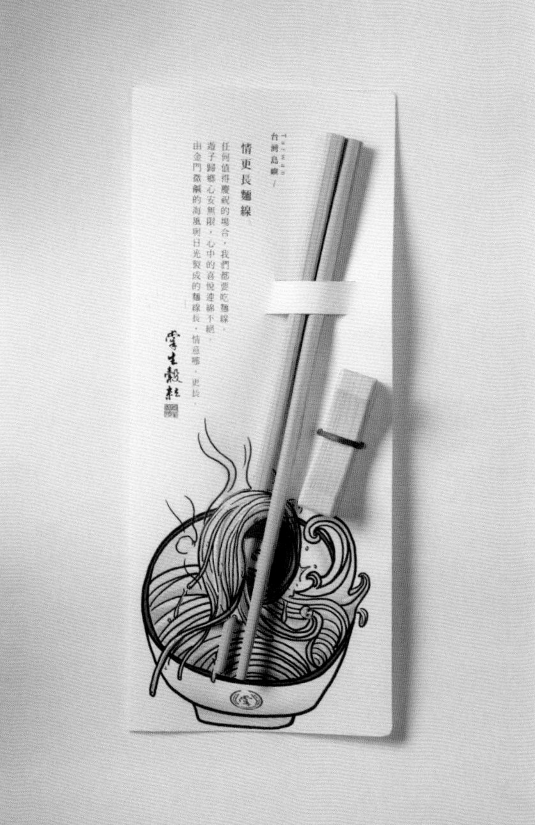
Taiwan
台灣島嶼 /
情更長麵線
任何值得慶祝的場合，我們都要吃麵線。
遊子歸鄉心安無限，心中的喜悅連綿不絕。
由金門微鹹的海風與日光製成的麵線長，情意嘛，更長。
掌生穀粒

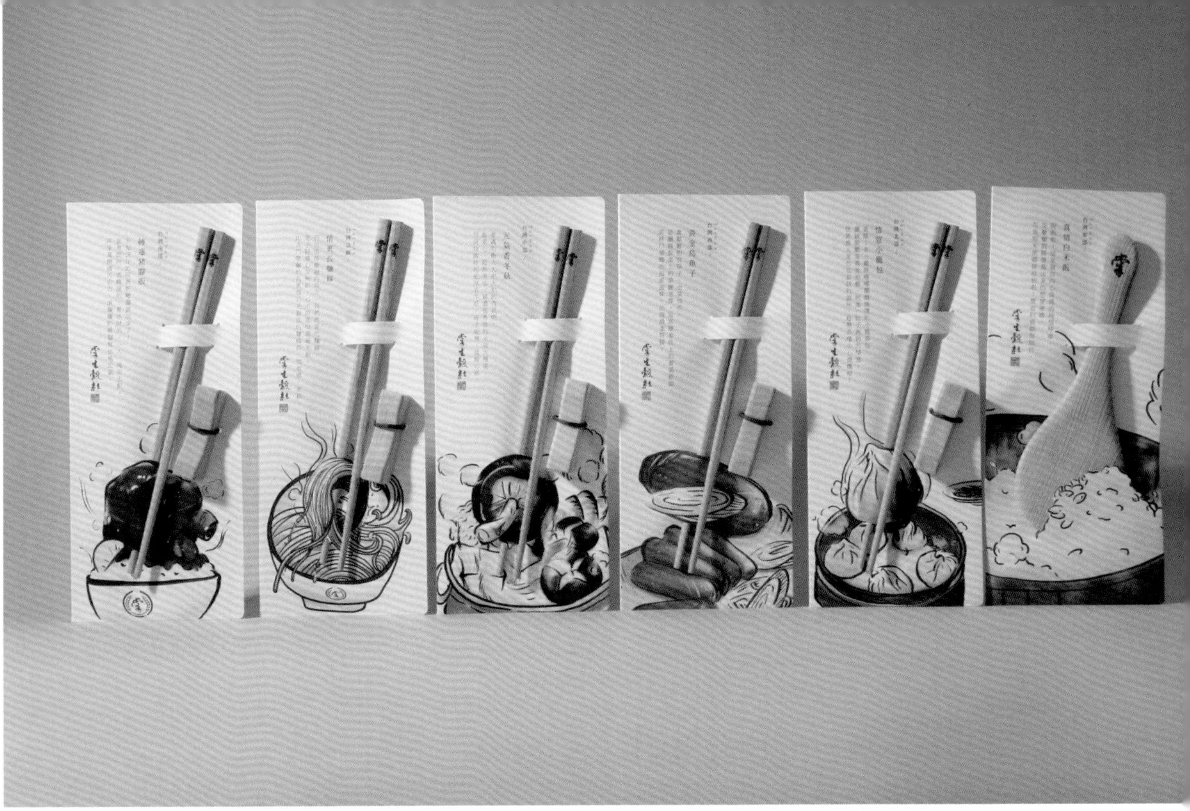

掌生谷粒——柏树筷子与柏树饭勺

设计师：叶宇津

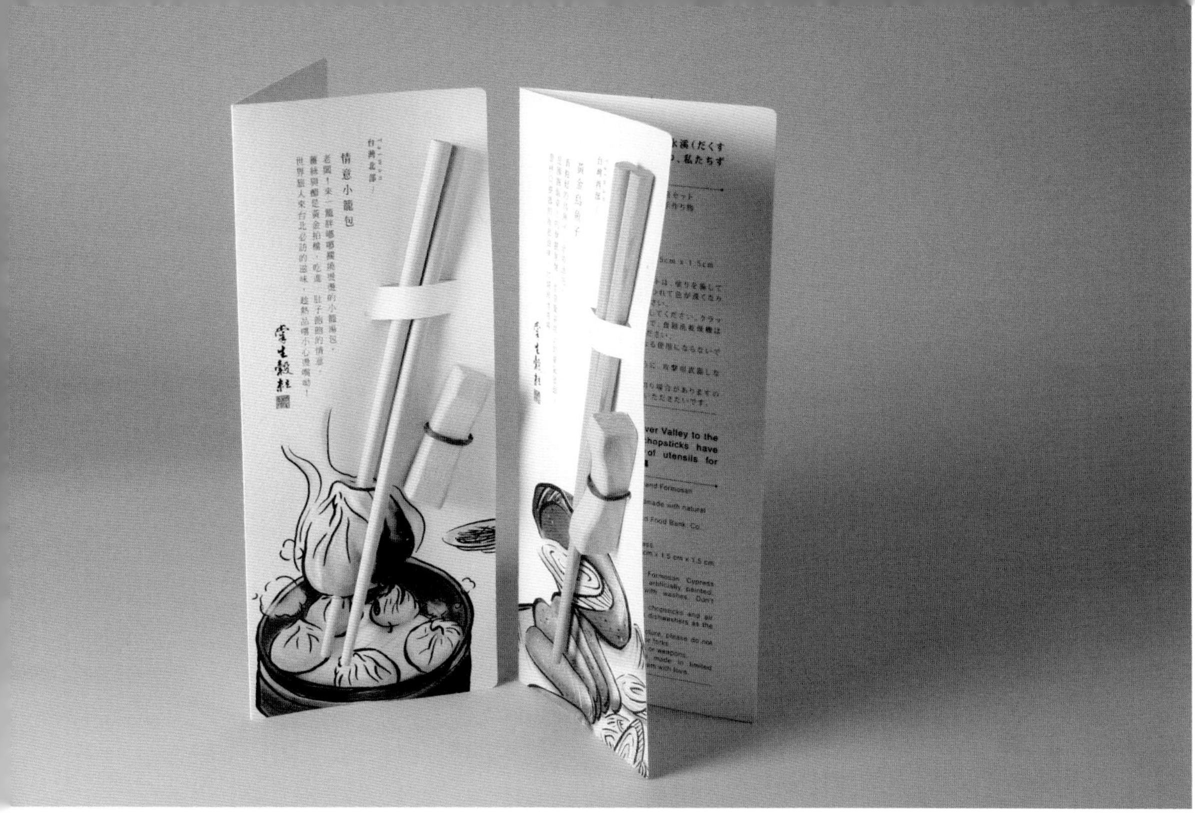

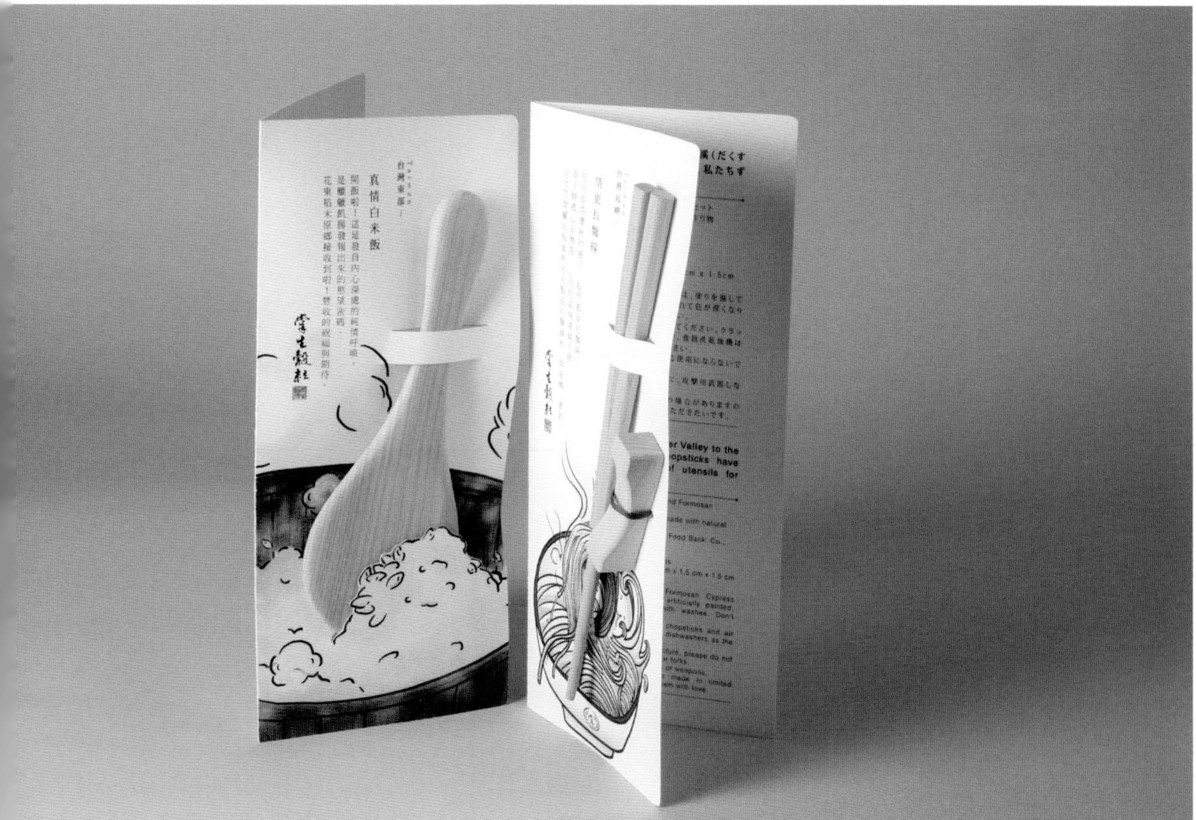

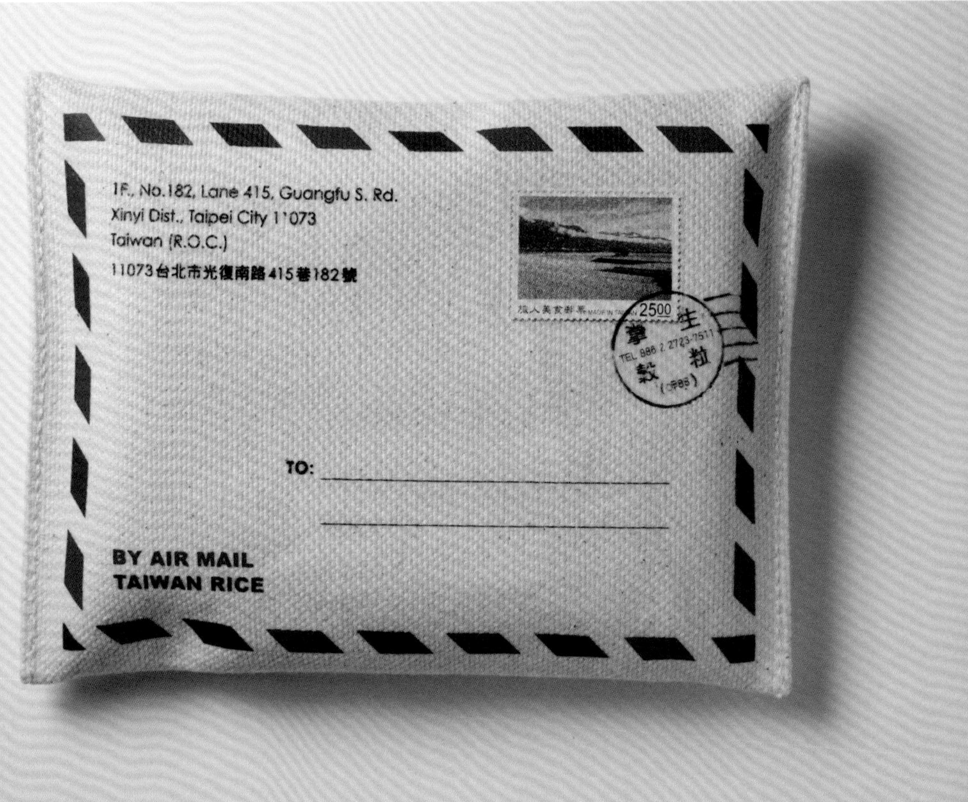
1F., No.182, Lane 415, Guangfu S. Rd.
Xinyi Dist., Taipei City 1'073
Taiwan (R.O.C.)
11073台北市光復南路415巷182號
2500
掌生
穀粒
TEL 886 2 2723-7511
TO:
BY AIR MAIL
TAIWAN RICE

FROM :

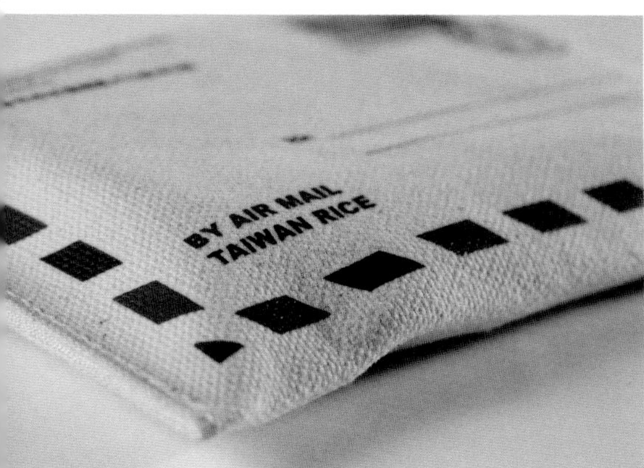

家信包装

家信代表一种怀旧之情。这款信封式大米包装的整体风格，无形中映射出了台湾人民对当地食品所持有的一种依恋之情。台湾大米主要是以真空密封及麻布袋相组合的包装形式进行出售的，采用这种信封形式的视觉形态来对其进行设计，就是为了强调大米的来源。麻布袋上的寄件人姓名即为该大米的生产者，而邮票图案中所展现的稻田风景，也以一种田园诗般的韵律节奏使人们的情感与家乡风情紧密联系起来。此外，这种包装设计也使其成为一种特别的礼物来赠送给朋友，麻布袋上留有空白空间，也为人们添加单独的标记和备注信息提供了便利的条件。

设计机构：掌生谷粒
国家：中国
创意总监：陈云意
设计总监：李建德
摄影师：李建德

饭先生——经典大米包装

为了突出有机稻米的自然特征，该作品的包装材料选用了棕色牛皮纸及藤条——采用人工包装的形式来突出产品的自然原貌。如图所示，虽然牛皮纸并不具有长期保存的功能，但它在某种程度上，却能够对新鲜大米的自然风味起到相应的保护作用；附在包装袋上的白色贴纸，以黑红两色汉字讲述了稻米起源的故事，而牛皮纸包装袋上的藤条丝带，则意在为其塑造一个结实且耐用的拎手。总而言之，这款包装设计可以确保产品的天然风味，伴随空气自然传播。

设计机构：掌生谷粒
国家：中国
创意总监：陈云意
设计总监：李建德
摄影师：李建德

東豐米

飯先生

飯先生

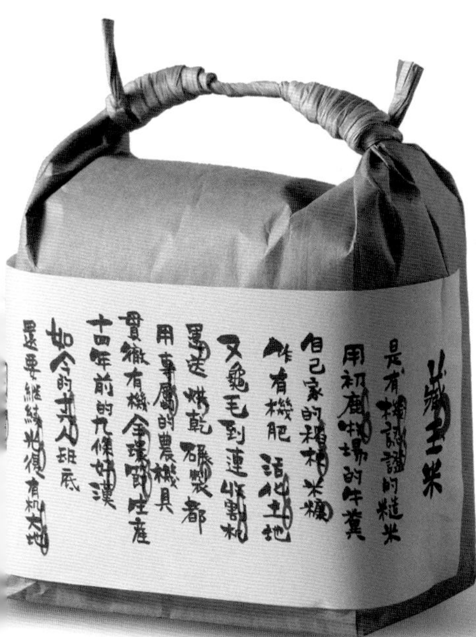

阿里山茶
TAIWAN
Oolong Tea
37.5g

阿里山茶
TAIWAN
Oolong Tea
Respectful Tea

阿里山茶系列

这是针对茶艺文化所打造的一套包装设计。茶艺文化主要涉及两方面：产茶与泡茶。就制作方面而言，该包装设计意在模仿乌龙茶的卷包形式结构，因为这种形式不仅能够在旅行过程中有效地保护茶叶的质量，还有助于丹宁酸（一种能够使茶叶味道变得更好的物质）在水中散发出一种更为浓郁的香味。这个包装就像是一个茶球，而且你能够从它的表面结构中看清茶叶的自然形态，并享受其带来的各种乐趣。该包装另外一个独特的方面则体现在它的牛皮纸设计上，因为这种环境友好型的材料不仅可以生物递降分解，还能在某种程度上使人无形中感受到大地母亲的味道。此外，识别不同茶叶类型的标签被设计成了奖牌的形状，而这样设计的根本目的，就是为了赞誉茶道大师的杰出之作。

设计机构：掌生谷粒
国家：中国
创意总监：陈云意
设计总监：李建德
摄影师：李建德

秘密系列

这套混合型蜂蜜包装设计，是在春天五彩花卉绽放的启发下创作而成的。带有梅花形盖子的玻璃瓶，被装置在了一个带有花卉设计的纸盒里，而纸盒外的“秘密”字样，一方面突出了中国汉字的书法魅力，另一方面，它也伴随着不同的装饰色彩反映出了蜂蜜的多样口味。此外，展开后能形成花蕾形态的包装盒，完全是运用环境友好型的矿物纤维纸料制造而成的，这种材料不仅耐用防水，还方便拿取蜂蜜。

设计机构：掌生谷粒
国家：中国
创意总监：陈云意
设计总监：李建德
摄影师：李建德

秘蜜
掌生穀粒

秘蜜
掌生穀粒

秘蜜
掌生穀粒

南投杉林溪茶
喝清香
〔正春〕
台灣烏龍
【吳哥的花非花】
有一千六百公尺的山頂花香
掌生穀粒

南投翠峰茶
喝清香
〔正春〕
台灣烏龍
【王大哥的山水】
有二二四〇公尺的山頭豪氣
掌生穀粒

台東鹿野茶
喝清香
〔早春〕
台灣烏龍
【董的小蝴蝶】
有四百公尺的熱帶山谷花香
掌生穀粒

台東鹿野茶
喝果香
〔深冬〕
台灣烏龍
【董的紅烏龍】
龍田村的烏龍紅了茶湯更甜了
掌生穀粒

嘉義阿里山茶
台灣烏龍
深冬
喝清揚
【許家的日出天光】
在一千五百公尺飲日出的微笑
掌生穀粒

台湾乌龙系列

生长季节与生产方式，是影响茶香和口味的主要因素，而我们采用不同的颜色来对该产品进行包装，其目的就是为了表现出台湾茶叶所具有的一种多样化特点。在这套包装设计中，每一款颜色都代表了一种茶叶的生长区、季节和口味，其中，冬饮茶浓郁香醇的口感，主要是以黑琥珀的包装来进行表现的，而春饮茶甘香馥郁的口感，则是伴随着视觉包装的醒目色调突出于众的。（注：该茶叶通常要使用不透光的杯具来进行泡制。）

设计机构：掌生谷粒
国家：中国
创意总监：陈云意
设计总监：李建德
摄影师：李建德

圆形面包

圆形面包是位于日本长野县安昙野市的一家品牌面包店。该作品是 Artless 广告公司为圆形面包打造的一款温馨典雅的品牌形象设计，其选用素材主要包括棕色视觉标识及柔色牛皮纸等。

设计师：川上俊，Artless 广告公司
国家：日本
设计机构：Artless 广告公司
创意总监：Artless 广告公司
设计总监：川上俊，Artless 广告公司
客户：大和株式会社
摄影师：新田理惠

le
pain
Boule
SINCE
2013
HONEY
le
pain
Boule
SINCE
2013
HONEY
FROM
THAILAND

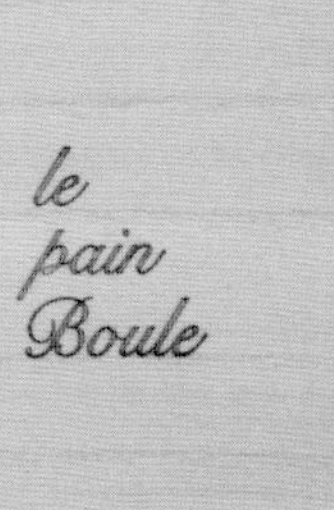
le
pain
Boule

le
pain
Boule
WILD
FLOWER
HONEY
FROM
THAILAND
SINCE
2013
HONEY

le
pain
Boule
le
pain
Boule
SINCE
2013
HONEY
le
pain
Boule

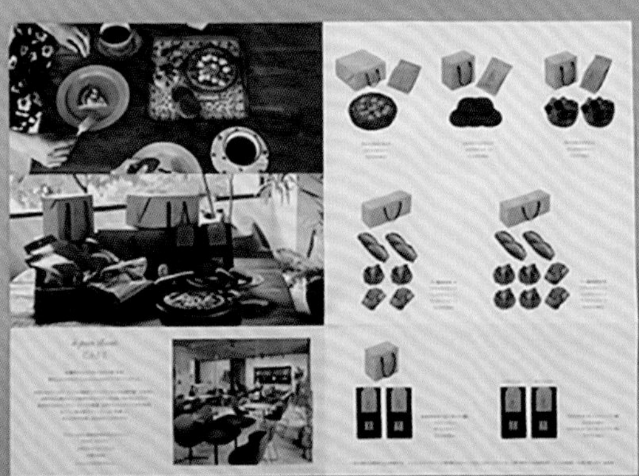

圆形面包

设计师：川上俊，Artless 广告公司

肴七味屋

肴七味屋（NANAMIYA）是日本的一款食品品牌，其理念想表达的思想内涵，即为“传统”与“礼节”的文化概念。基于此，为了深刻地反映出该品牌的商业理念，Artless 广告公司意在通过日本传统文化与现代东方文化之间的结合来对其进行表现，并且考虑到该品牌未来将会全面走进亚洲市场，该作品的语言文字也相应采用了双语模式来进行设计。

设计师：武雄泰一郎，Artless 广告公司
国家：日本
设计机构：Artless 广告公司
创意总监：Artless 广告公司
设计总监：川上俊，Artless 广告公司
客户：Yamato 公司
摄影师：合田裕子、川上俊

肴七味屋
有明海産
初摘み 焼き海苔
The First Harvest
Roasted Seaweed
from Ariake, Japan
肴七味屋
肴七味屋
有明海産 初摘み海苔
肴七味屋
有明海産 初摘み海苔
焼のり全判 全型五枚入り

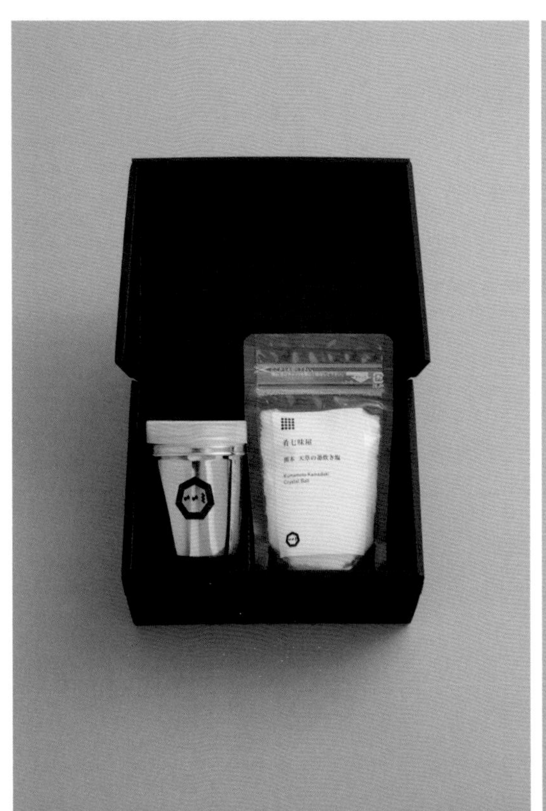

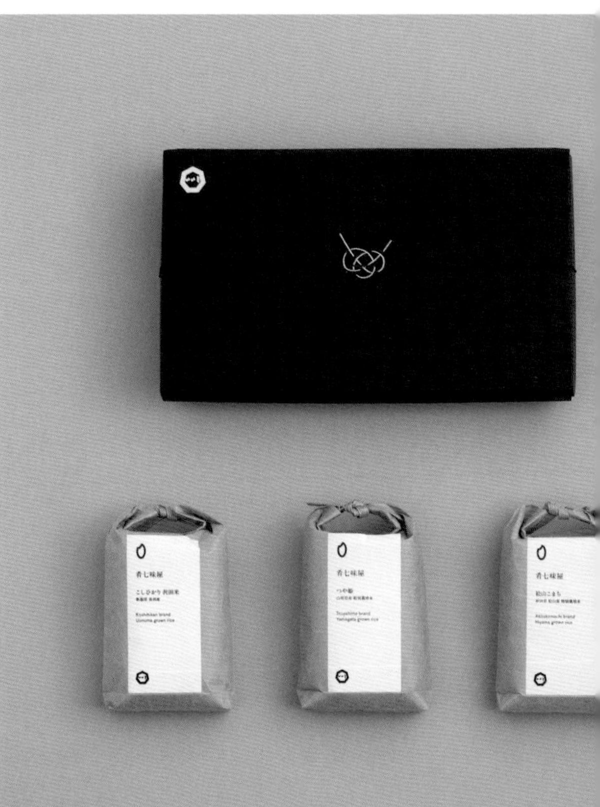

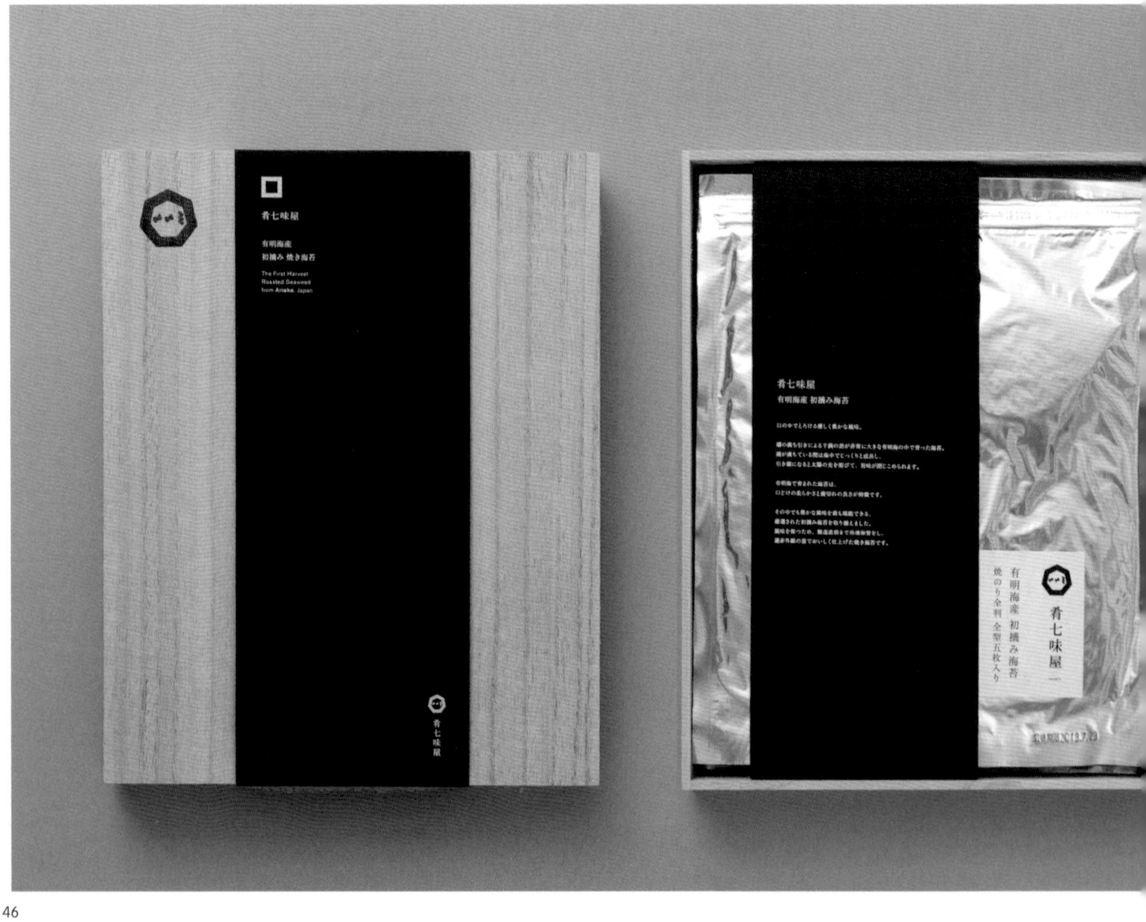

肴七味屋

设计师：武雄泰一郎，Artless 广告公司

肴七味屋

设计师：武雄泰一郎，Artless 广告公司

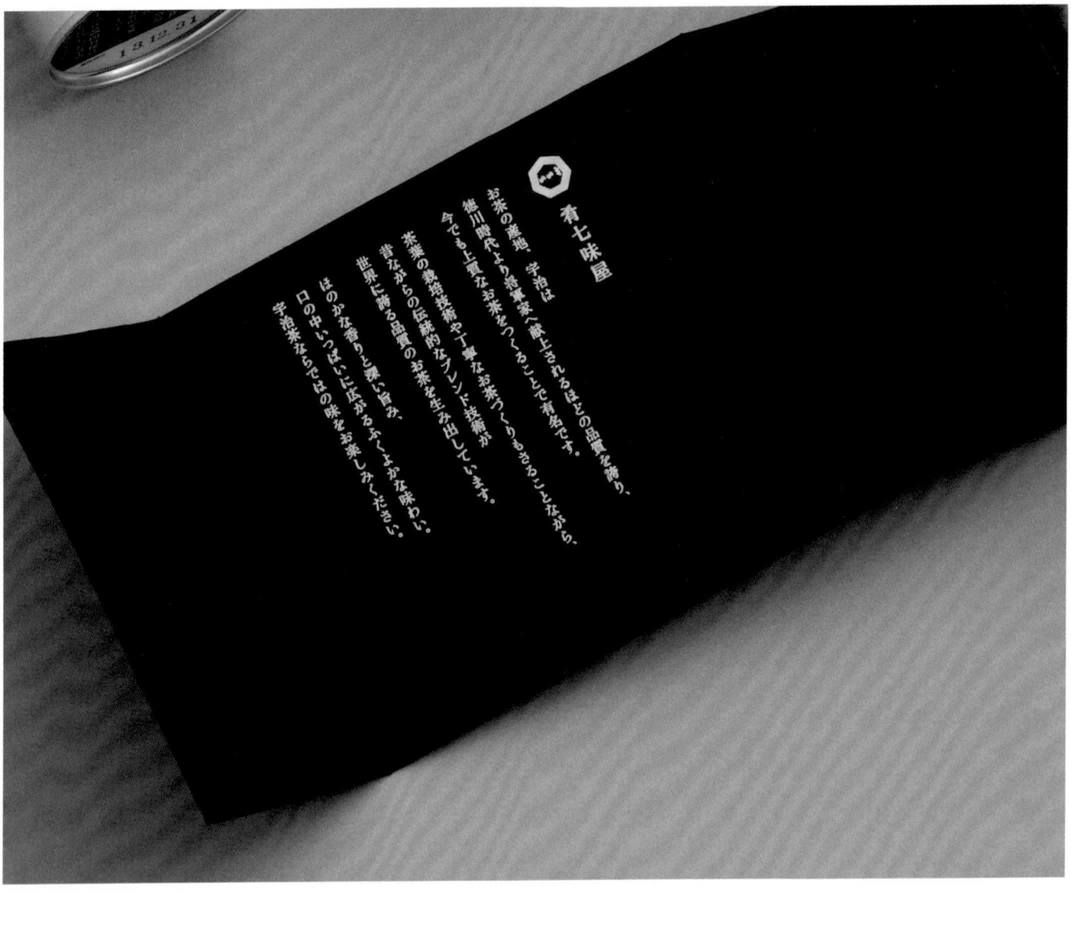

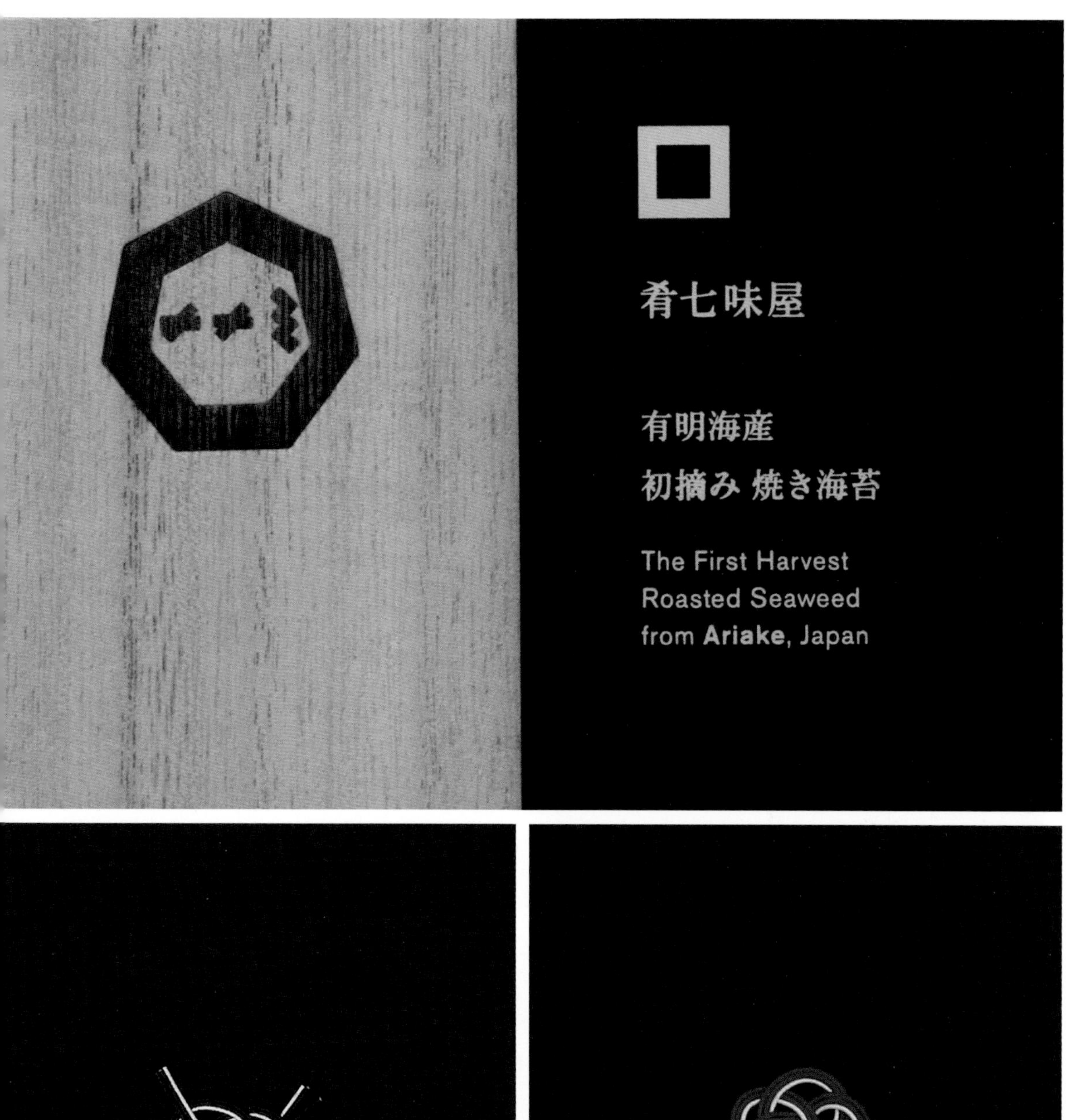
肴七味屋
有明海産
初摘み 焼き海苔
The First Harvest
Roasted Seaweed
from Ariake, Japan

Botanité
by Dr.Saito
Facial Lotion
Facial Soap
Body Soap
Shampoo

Botanite by Dr.Saito

Dr.Saito 品牌标识及包装设计。该作品采用了现代字体与自然色调相结合的方式。

设计师：科基高梁，Artless 广告公司
国家：日本
设计机构：Artless 广告公司
创意总监：Artless 广告公司
设计总监：川上俊，Artless 广告公司
客户：Dr.Saito
摄影师：合田裕子、川上俊

IT'S NOT THE END · IT'S JUST THE BEGINNING
2012
Yr.

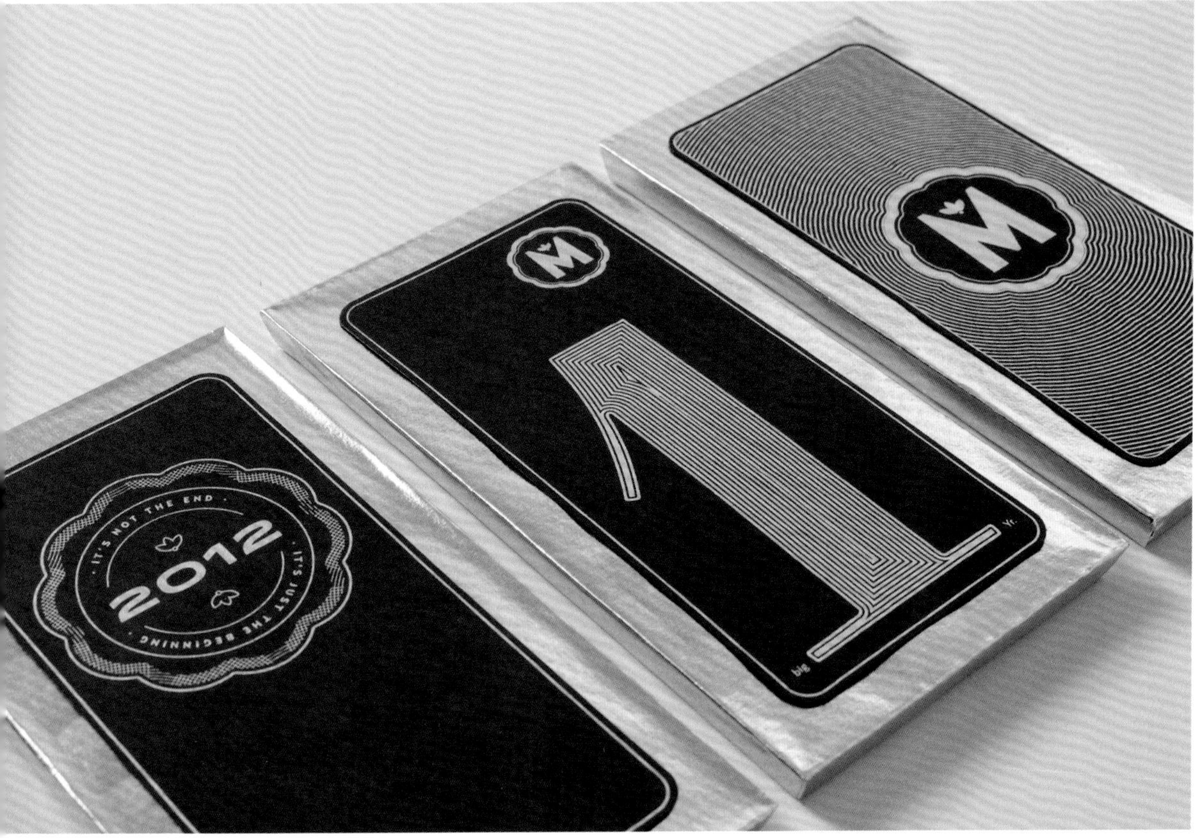

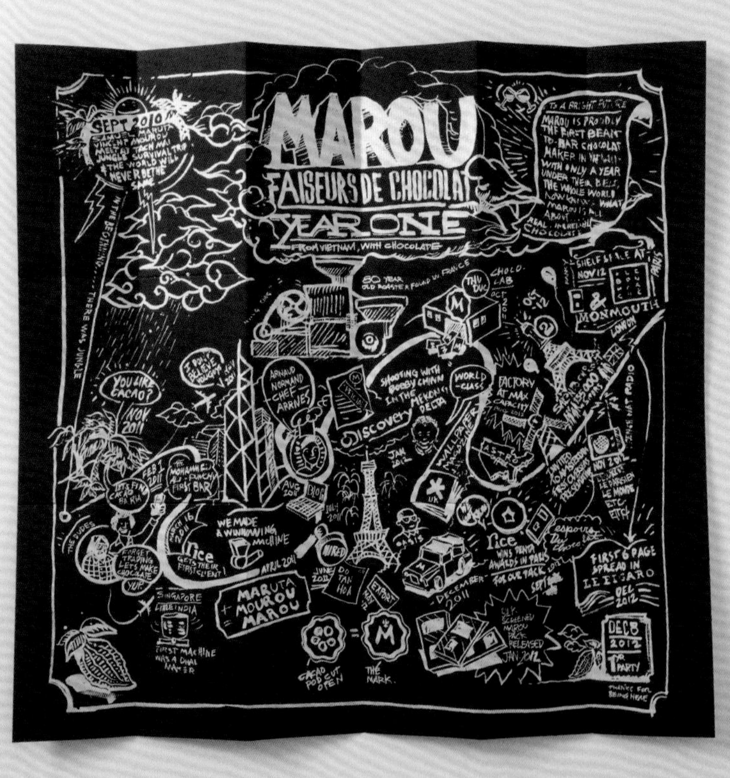

MAROU
FAISEURS DE CHOCOLAT
YEAR ONE
FROM VIETNAM, WITH CHOCOLATE
MONMOUTH
WE MADE A WINNOWING MACHINE
MARUTA + MOUROU = MAROU
FIRST 6 PAGE SPREAD IN LE FIGARO DEC 2012

玛柔巧克力一周年纪念设计

为纪念玛柔巧克力（Marou Chocolate）上市一周年，该产品的创始人在越南胡志明市外的一家工厂里举办了一场大型庆祝活动，并对来访的每一位嘉宾都赠送了一份精致的巧克力套装。而为了将此次活动深深地保留在记忆中，我们特意为该活动设计了一整套独特的个性包装来描绘玛柔的特色。一天夜里，我们一直在回忆玛柔活动在过去的一年中给我们留下了怎样的记忆，我们也根据自己丰富的想象，为玛柔巧克力的品牌形象绘制了一系列具有趣味风格的藏宝图。正如您所看到的，藏宝图的主体颜色选用玛柔巧克力的黄金色调来进行表现，而该地图在被折叠以后，其形状尺寸能与玛柔巧克力棒的形态完全相衬。除此之外，我们还为玛柔巧克力设计了 12 个具有特色风格的品牌标签（每个月一个品牌标签），并且将该品牌的各种视觉元素都进行了充分合理的运用。如图所示，每一块巧克力上都印有一个独具特色的形象标识，品牌名称的“Marou”字样也在标签版式中展现出了它所具有的一种夺目的视觉效果，而这种风格就如同它在地图上的画面效果是一样的。这套巧克力品牌标签与藏宝地图是一套完整的系列设计，可以使顾客从中感受到视觉画面所呈现出的一系列趣味横生的故事。最后，我们还设计了一款限量版的丛林衬衫，在这款衬衫的表面，我们绘制了一个既生动又富有活力的英文标题“Marou Mobile”，中文直译为“玛柔移动”，它一般是指胡志明市市民驾驶拉卡拉汽车在越南南部采集可可豆的一种自然活动。

设计机构：水稻创意公司
国家：越南
创意总监：启安·德里恩、约舒亚·布雷登巴赫
客户：玛柔巧克力
摄影师：陈家颖

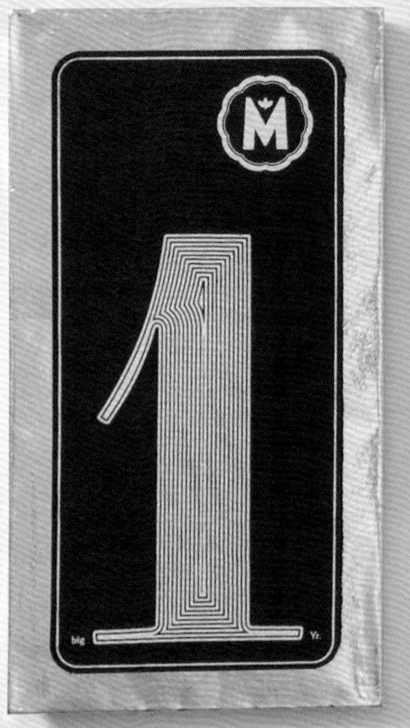

玛柔巧克力一周年纪念设计

设计机构：水稻创意公司

MAROU FAISEURS DE CHOCOLAT
YEAR ONE
M

1
WHOLE YEAR AND NOBODY LOST AN ARM
CONGRATS

M
2012
2022
1
TEN YEAR PARTY!

IT'S NOT THE END
2012
IT'S JUST THE BEGINNING

YEAR ONE
FROM VIETNAM, WITH CHOCOLATE

M
laDalat

4g 拿破仑巧克力包装设计

拿破仑巧克力（Napolitain Chocolate）为玛柔巧克力的小型附属产品，为了使这款新型产品为玛柔荣登东京巧克力沙龙增添光彩，我们为其设计了一款精致的视觉包装来突出它独特的艺术魅力。我们设计的这款广告包装盒能够承载约 4 克（20 块）的糖果巧克力，每盒有 10 种不同风格的超薄玻璃纸，能够将每一块巧克力都包装得十分精细。此外，每个包装盒的背面都附有相应的标语，为“你每天的最爱”和“越南工艺，充满爱的芳香”。

设计师：阮黄德
国家：越南
设计机构：水稻创意公司
创意总监：启安・德里恩、约舒亚・布雷登巴赫
客户：玛柔巧克力
摄影师：陈家颖

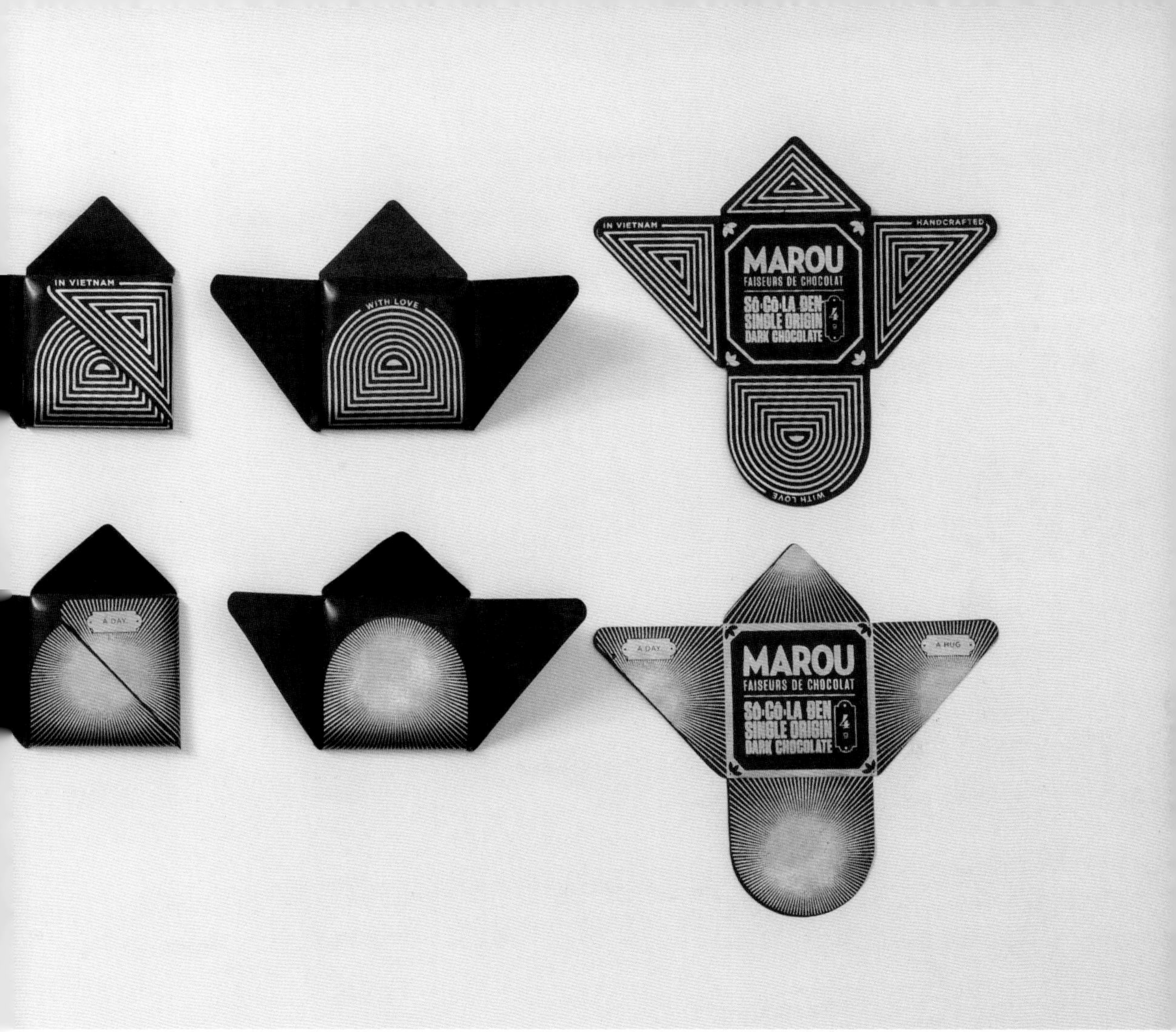

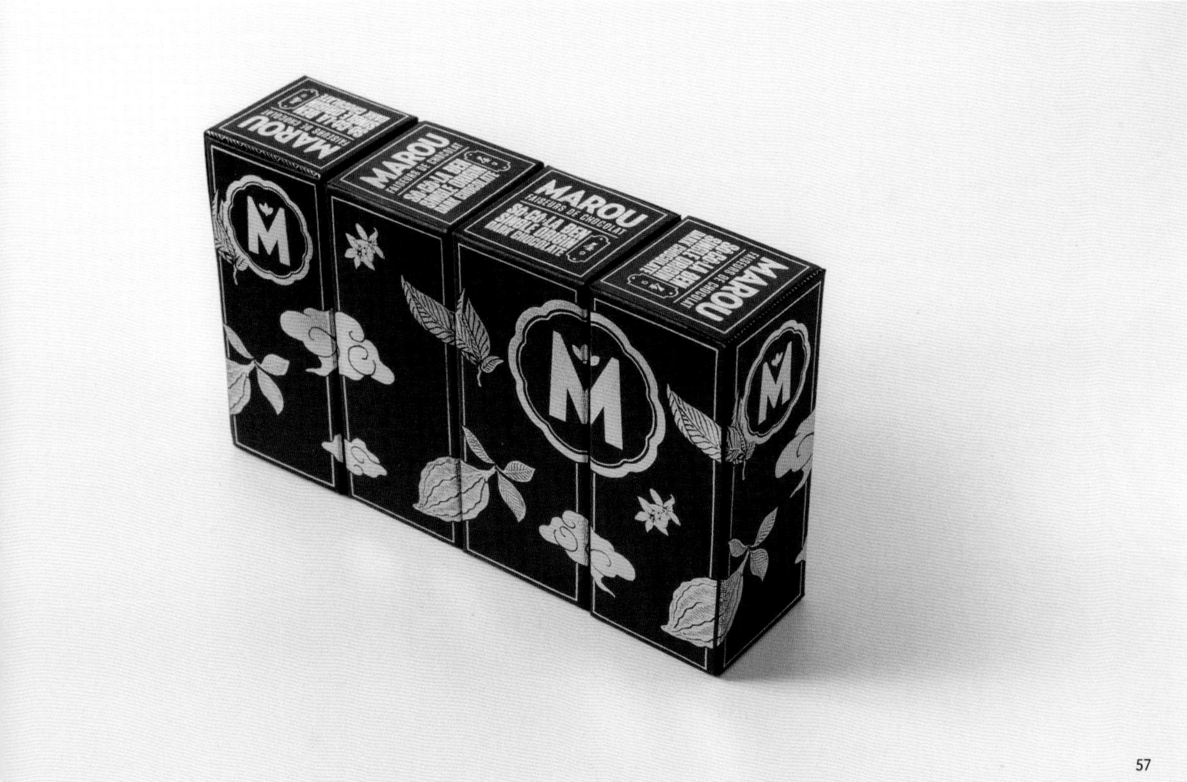

MAROU
FAISEURS DE CHOCOLAT
SÔ·CÔ·LA ĐEN
SINGLE ORIGIN
DARK CHOCOLATE

玛柔巧克力

玛柔・费萨尔斯德（Marou Faiseurs de Chocolate）是越南第一家开办和生产条状巧克力的制造商。

一般来说，在可可农场直接从事和经营巧克力生产活动的制造商并不多，但玛柔・费萨尔斯德（总部位于越南胡志明市）却不同，它凭借自己独特的创新和实力，成为了第一家在越南开办和生产条状巧克力的制造商。

玛柔的创始人，是来自法国的两位十分具有冒险精神的商人。基于他们的管理理念，该公司自成立以来，一直致力于采用最微量的可可豆来生产最优质的巧克力。通常情况下，在收割完可可豆之后，会将其直接运到湄公河三角洲和越南南部高地的小型家庭农场中进行发酵和烘干。

为了让自己的品牌能够尽快地迈向市场，玛柔在成立之初就与我们水稻创意公司展开了合作。玛柔也十分注重彼此间的交流，因为他们的品牌形象和产品包装，是需要双方的共同努力才能够设计成功的。

基于玛柔公司独特的创业经历，我们采用了现代与传统相结合的方式为其设计了一套品牌形象与包装。然而，如果单从该产品的本身而论，玛柔巧克力令我们印象最为深刻之处在于它拥有着多样化的产品种类和形式特色，而这种属性的形成，无疑是由于可可豆的生长特色而客观存在的。农场的地理位置及当地土壤，往往是影响可可豆特点的决定性因素，而这也就是为什么在人们品尝这款巧克力之时，总会在味觉中体验到一种与众不同的自然风味。

经过深思熟虑以后，我们摸索到了一种最为简洁的方法来为该产品进行设计，那就是将可可豆土生土长的自然风貌表现在巧克力的包装载体上。例如，在我们第一眼看到特立尼达可可的时候，就瞬间被它的色调吸引住了，而您在图中所看到的这一系列带有朱红色、赭黄色、草绿色和深蓝色的多彩式包装，就是我们根据这条简洁的感性思维所创作而成的。

为了让这款包装设计能够充分地体现出越南的特色，我们在唐人街中收集了大量的印刷用纸，这些纸张有着十分美丽的外观，我们决定将其作为材料应用到包装设计之中。如图所示，包装上的图案（如水果和动物），主要是以插画的表现形式来进行装饰的，我们随之绘制了一系列与巧克力生产原料相关的元素，进一步表现越南胡志明市所具有的一种热带季风之感。此外，产品包装上的花格图案完全是以传统外观和现代字体相结合的方式来进行设计的，这种创作形式的灵感，很大程度上是深受越南老式标识的启迪所生发而成的。

与此同时，为了突出该包装的手工质感及巧克力本身的工艺特点，我们委任了当地的一家印刷店采用传统的丝网印刷技术来对包装进行贴金仿古渲染。这套包装的成品最终得到了玛柔公司的高度认可。

设计机构：水稻创意公司
国家：越南
创意总监：启安・德里恩、约舒亚・布雷登巴赫
客户：玛柔巧克力
摄影师：陈家颖

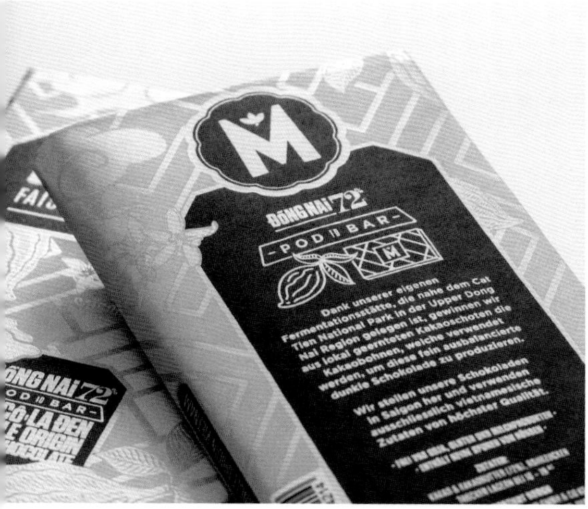

MAROU
FAISEURS DE CHOCOLAT
ĐỒNG NAI 72%
POD BAR
SÔ·CÔ·LA ĐEN
SINGLE ORIGIN
DARK CHOCOLATE
BẾN TRE 78%
SÔ·CÔ·LA ĐEN
SINGLE ORIGIN
DARK CHOCOLATE
LÂM ĐỒNG 74%
SÔ·CÔ·LA ĐEN
SINGLE ORIGIN
DARK CHOCOLATE
BÀ RỊA 76%
SÔ·CÔ·LA ĐEN
SINGLE ORIGIN
DARK CHOCOLATE
TIỀN GIANG 70%
SÔ·CÔ·LA ĐEN
SINGLE ORIGIN
DARK CHOCOLATE
SAÏGON
ĐỒNG NAI 72%
POD BAR
GRAND CRU DE
CHOCOLAT NOIR
VIETNAM
BẾN TRE 78%
GRAND CRU DE
CHOCOLAT NOIR
VIETNAM
LÂM ĐỒNG 74%
GRAND CRU DE
CHOCOLAT NOIR
VIETNAM
BÀ RỊA 76%
GRAND CRU DE
CHOCOLAT NOIR
VIETNAM
TIỀN GIANG 70%
GRAND CRU DE
CHOCOLAT NOIR
VIETNAM

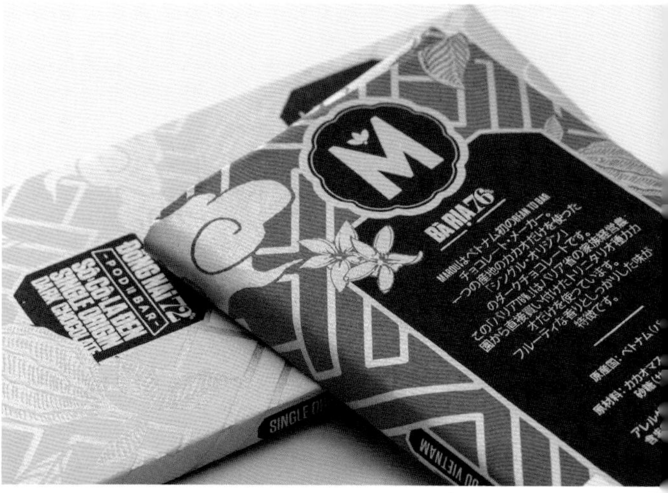

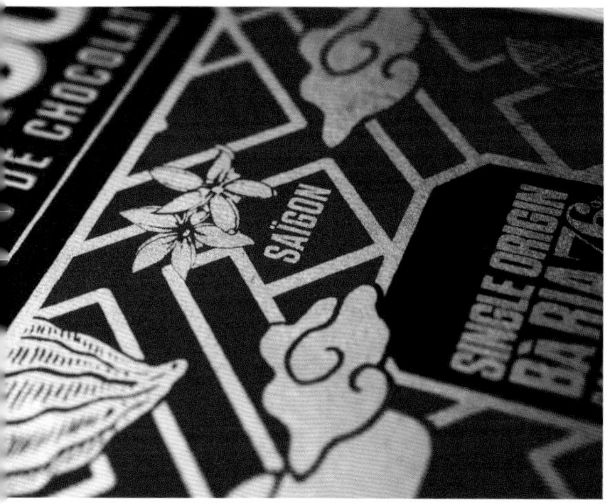

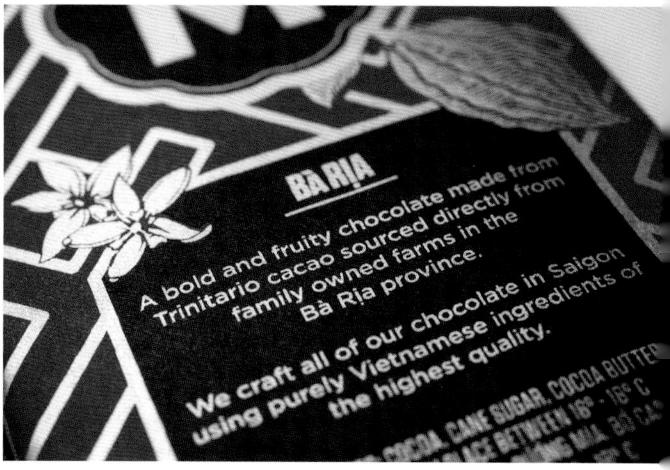

MAROU
FAISEURS DE CHOCOLAT
SAÏGON
SINGLE ORIGIN
BÀ RỊA 76%
DARK CHOCOLATE

M
BÀ RỊA
A bold and fruity chocolate made from Trinitario cacao sourced directly from family owned farms in the Bà Rịa province.
We craft all of our chocolate in Saigon using purely Vietnamese ingredients of the highest quality.
INGREDIENTS: COCOA, CANE SUGAR, COCOA BUTTER
STORE IN A DRY PLACE BETWEEN 16° - 18° C
THÀNH PHẦN: HẠT CACAO, ĐƯỜNG MÍA, BƠ CACAO
ĐỂ NƠI KHÔ RÁO, TỪ 16° - 18° C
PRODUCT OF VIETNAM
MAROUCHOCOLATE.COM

柔巧克力

计机构：水稻创意公司

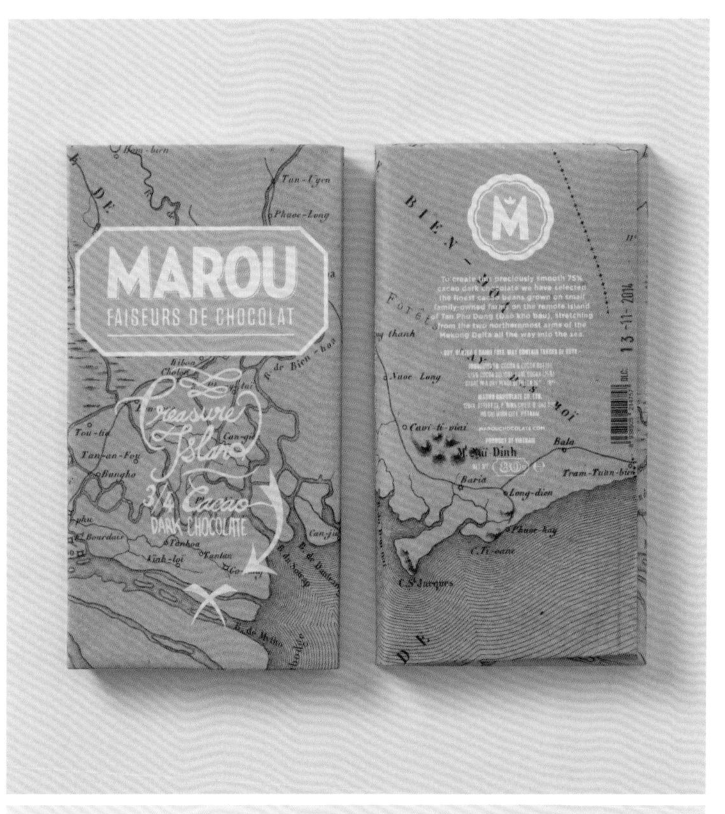

玛柔巧克力的金银岛之旅

玛柔公司所采用的可可豆，是同类原料中最好的一种。该可可豆产于越南新富东县（越南前江省下辖的一个县）一个偏远岛屿的小农场里。事实上，玛柔巧克力可谓是一款真正的稀有甜品，由于可可原料的珍贵，该产品常常处于供不应求的状态。因此，为了向消费者体现该产品的稀缺性，我们不仅在包装上充分发挥了该品牌所具有的原始视觉要素，还利用图形语言和手写文字，以老式地图的形式形象化地展现了该巧克力所隐含的一种冒险精神。

设计机构：水稻创意公司
国家：越南
创意总监：启安・德里恩、约舒亚・布雷登巴赫
客户：玛柔巧克力
摄影师：陈家颖

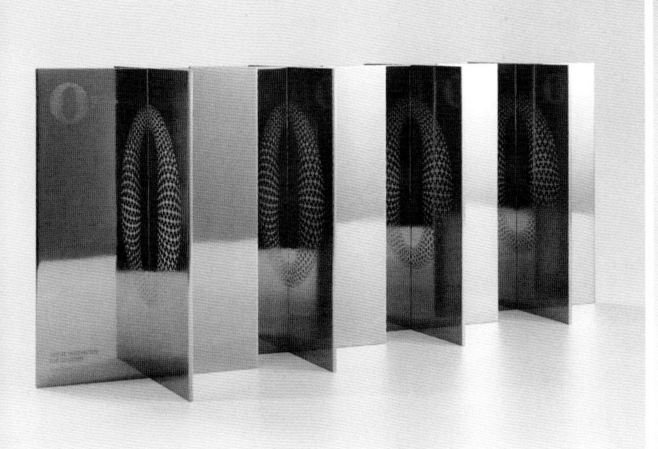

联合国儿童基金会零奖

这是水稻创意公司为联合国儿童基金会在越南推动融资平台所打造的一款品牌形象设计——联合国儿童基金会零奖（UNICEF ZERO Awards）。该标志符号意在表达一个号召性的活动。如图所示，每一个加号结构的框架上都相应设定了一个阿拉伯数字“0”，每一个“0”都代表着人们捐献的物资帮助解决了困难儿童的生活问题。“零”是联合国儿童基金会“零信念”（believe in Zero）全球运动的延伸性概念，旨在将可预防的儿童死亡数量尽可能地控制在百分之零。我们在为首年联合国儿童基金会零奖进行设计之时，首先要考虑的就是要全面突出“零”标志的核心概念，并且要让人们因为我们的艺术创作，而坚信儿童零死亡是完全可以靠我们的努力来实现的。如图所示，两块高反射铜片彼此形成了一个交叉相对的 90 度结构；在这两块铜片当中，我们在其中一块上面蚀刻了一个典雅美观的“零”字符号，而另一块铜片尽管是空板形式，但它能作为镜子将右方的“零”字完整地反射出来。该作品实际上是一个交互式设计，它们彼此间是一个相互联系的整体，正所谓“你中有我，我中有你”。

设计师：科内利亚・恩奎斯特
国家：越南
设计机构：水稻创意公司
创意总监：启安・德里恩、约舒亚・布雷登巴赫
客户：联合国儿童基金会（UNICEF）
摄影师：陈家颖

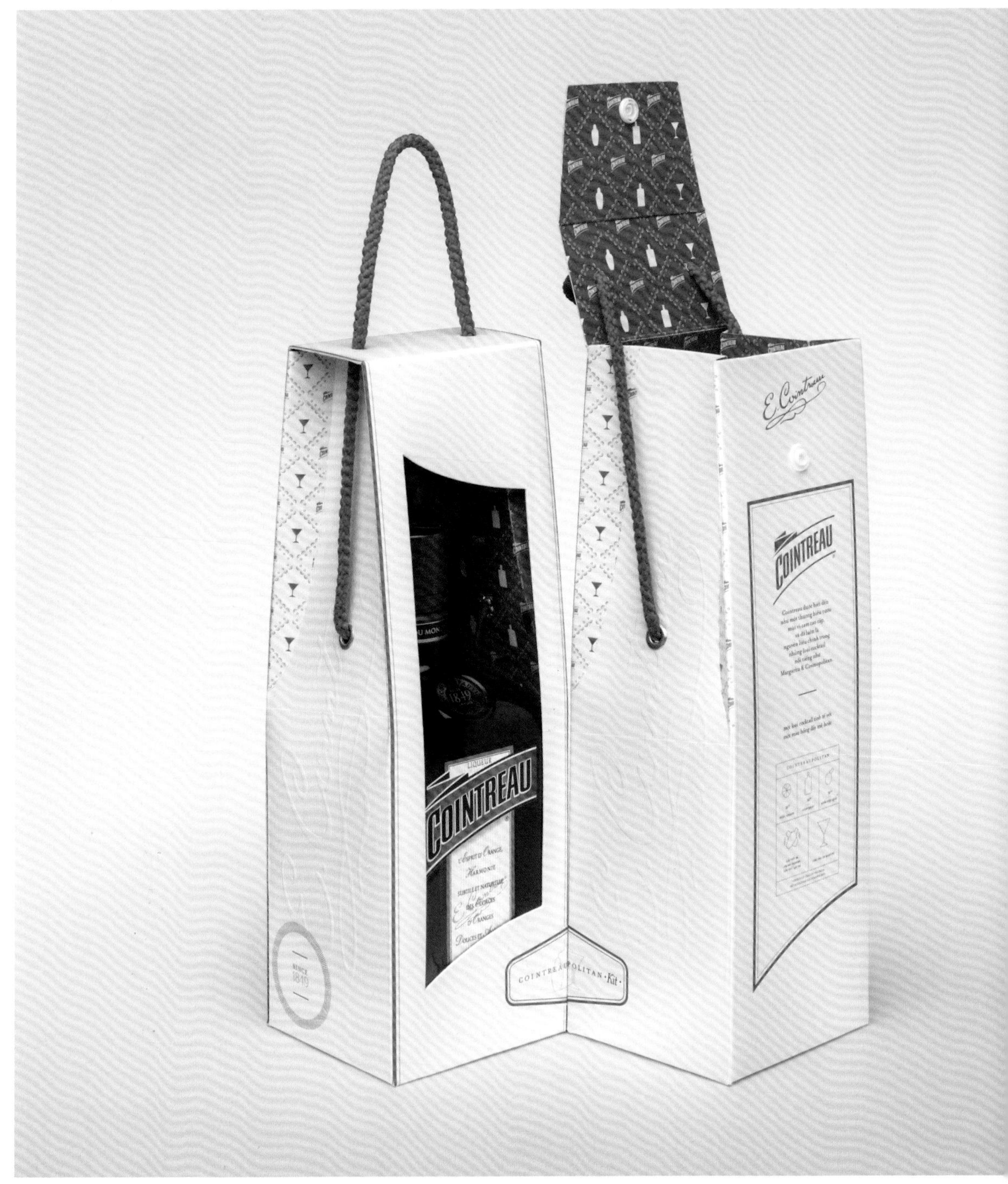

君度限量版包装

这是我们为君度集团（君度英文为“Cointreau”，是一款法国出品的橙味甜酒）打造的一款限量版包装，其设计目的主要是通过一个瓶装调酒器及简要说明，来进一步帮酒业更有效地宣传其鸡尾酒产品。这款鸡尾酒是专门针对女性消费者所设计的，为了使其能够迎合越南农历新年的节日气氛，我们根据君度酒业所提出的要求，为该产品一款带有新年图案的女士皮包作为赠品。总体来说，我们认为这种设计手法能够有效地传达女性在新年中的感觉，为了使设计更为出众，我们还根据君度酒业的特点，为赋予了古典风格的装饰效果。

设计师：阮万
国家：越南
设计机构：水稻创意公司
创意总监：启安·德里恩、约舒亚·布雷登巴赫
客户：君度
摄影师：陈家颖

SINCE
1849

COINTREAUPOLITAN

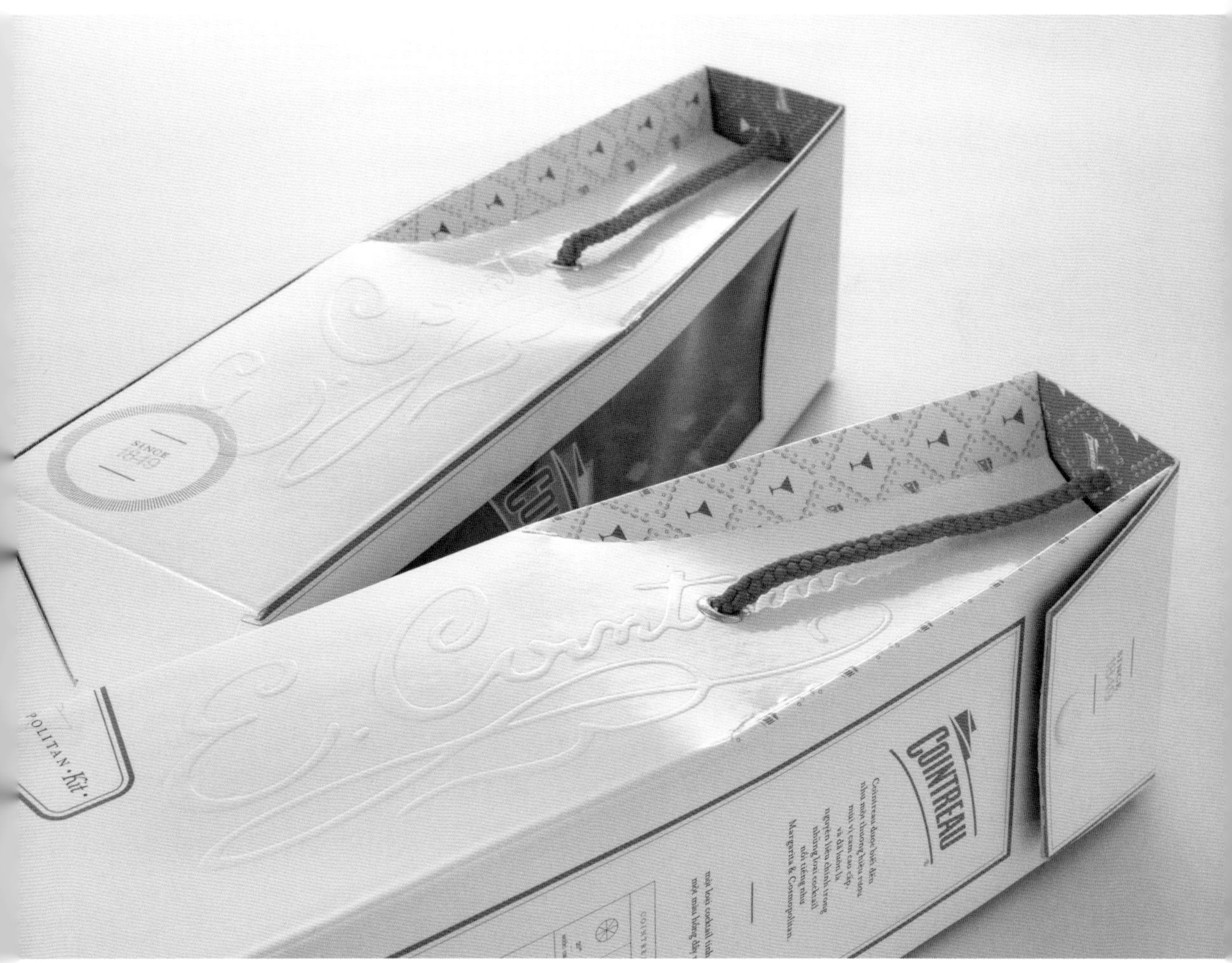

德尔夫赞助包装设计

为感谢德尔夫（Delve）赞助公司对我们约克 / 谢里丹毕业设计展的大力支持，我们与品牌、平面和工艺设计团队展开合作，为其设计一款双重包装来突出“德尔夫”的经营理念。
品牌创意团队为德尔夫设计的这枚标志，体现了当下设计领域的新思想和新维度。德尔夫赞助公司为意在将该作品转化为实体性的用户体验模式，从而激发广大用户去探索我们更为丰富的艺术作品。

设计师：张文玲、蕾切尔·罗杰斯、路佳妮
国家：加拿大
创意总监：张文玲
设计总监：张文玲
摄影师：路佳妮

德尔夫赞助包装设计

设计师：张文玲、蕾切尔·罗杰斯、路佳妮

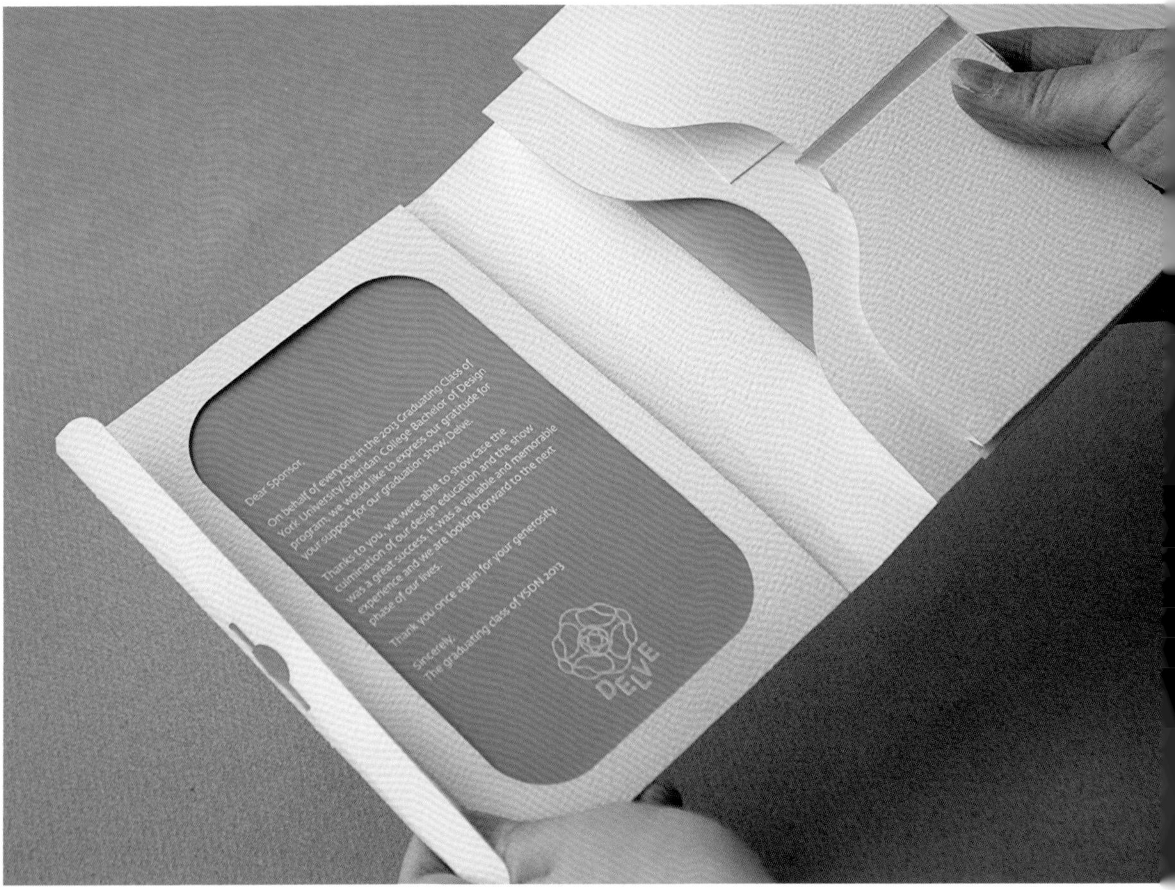

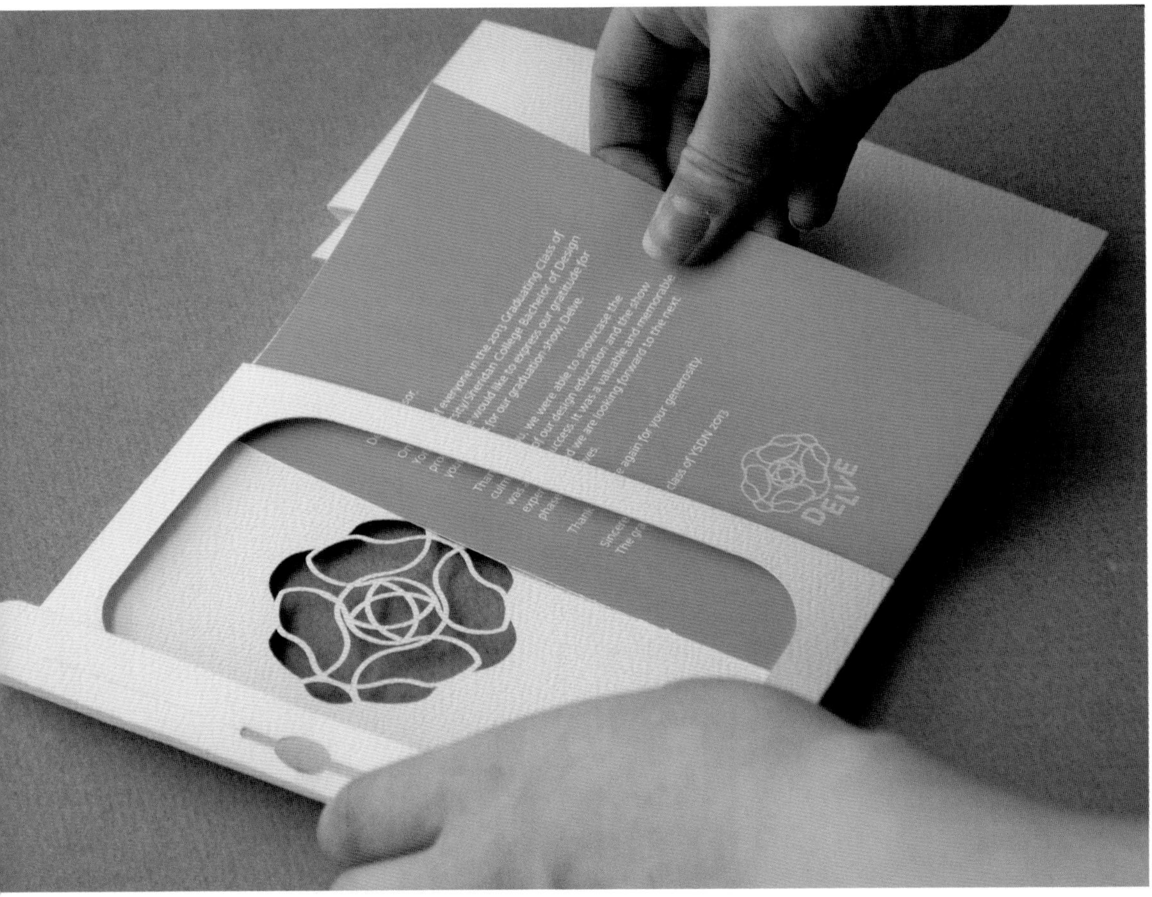
DELVE

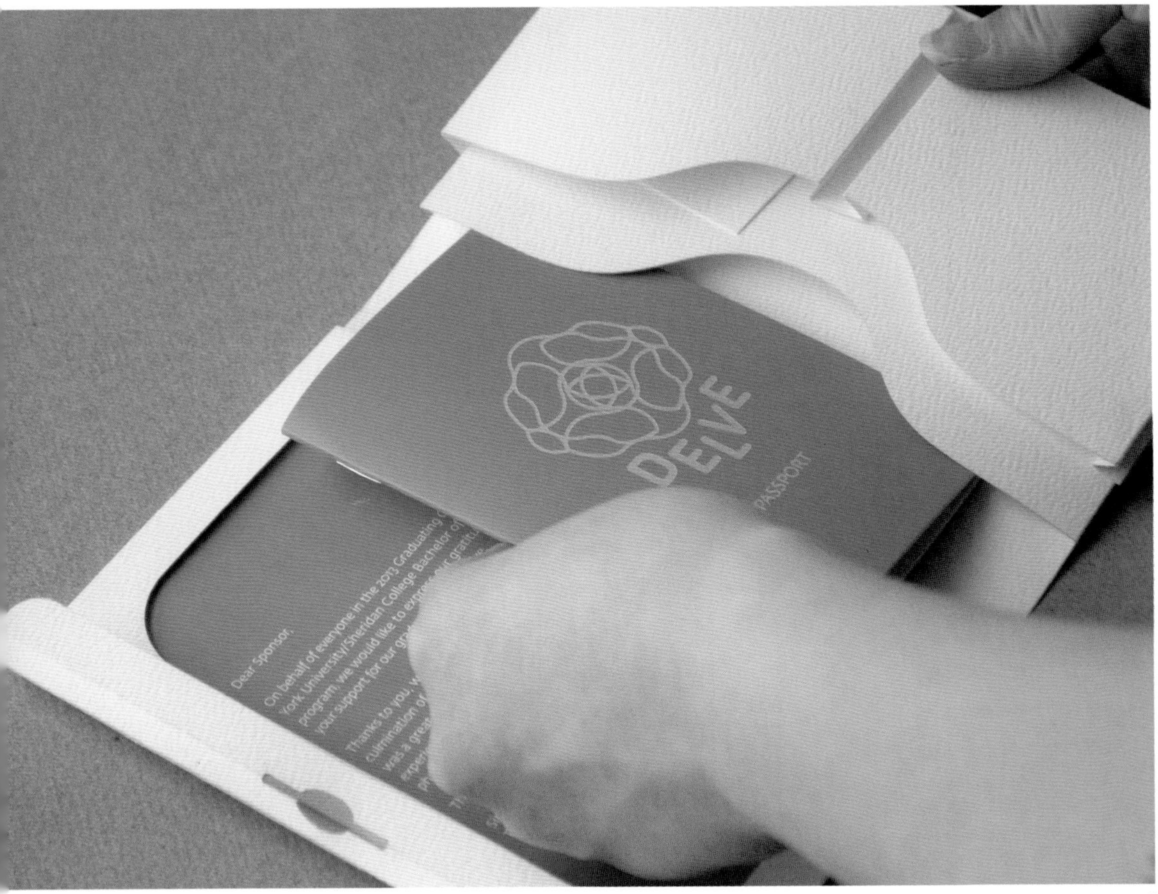
DELVE
PASSPORT
Dear Sponsor,

思金斯鞋盒设计

鞋盒的基本功能，就在于它能够保证鞋子在运输的过程中不会受到损坏。思金斯（SKINS）鞋业所使用的包装鞋盒，多年来一直保持着传统不变的模式，而为了大力弘扬以多功能设计来推进可持续性发展和减少资源浪费的理念，我们意在将该鞋盒转变成一个更具有意义和多方面用途的包装载体。

这是一个具有多重功能的一体化设计，其特点表现在该鞋盒不仅可以作为一个工具箱来携带，还可以在用完后折叠起来放回鞋架或挂在墙壁上。总体来说，我们所打造的这款多功能鞋盒，其核心目标就是打破普通鞋盒那种单一的收纳功能。

设计师：路佳妮
国家：加拿大
设计机构：路佳妮设计工作室

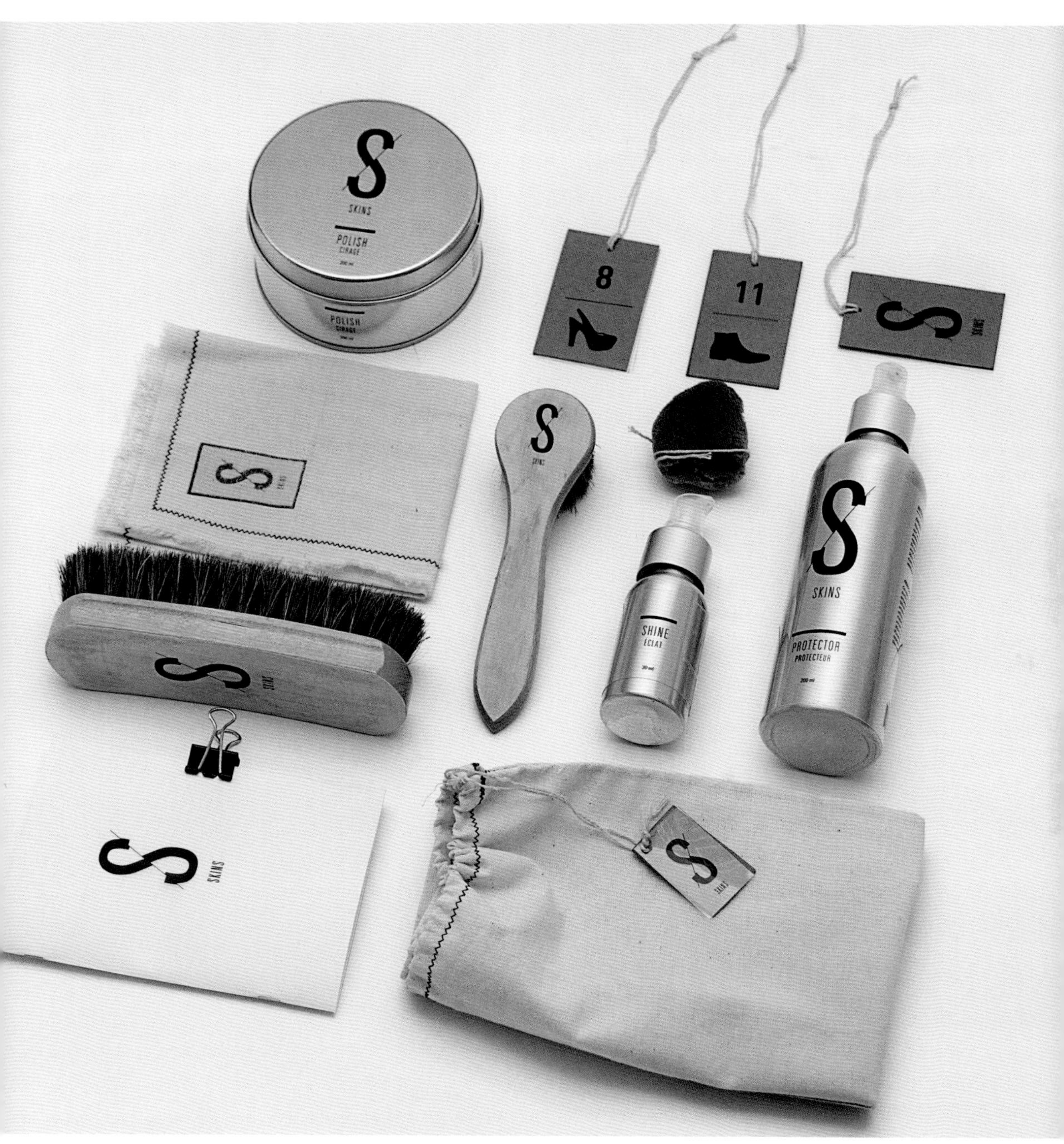

思金斯鞋盒设计

设计师：路佳妮

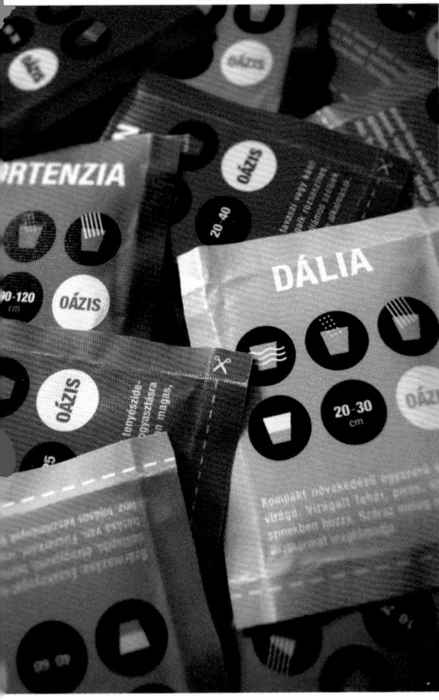

绿洲园艺多件包装设计

这是为园艺初学者所打造的一套多件包装设计。这件套装中带有多包植物种子，各自拥有不同款式的包装（如草本包装、花卉包装、蔬菜包装和水果包装等）。如图所示，每一款包装上的手写字母都是按照匈牙利语设计的：如大写字母“B”对应“Bazsalikom”，其含义在英文中指的是“Basil”，中文译为“罗勒”；而“P”对应 Paradicsom，其含义在英文中指的是“Tomato”，中文译为“番茄”。因此，当你准备在花园里进行种植之时，完全可以通过包装袋上的大写字母来挑选一个你最想栽培的品种。

设计师：艾德丽安·纳吉
国家：法国
客户：学生项目（布达佩斯艺术设计学院）
摄影师：艾德丽安·纳吉

C O K B
H D T L
R E S P

绿洲园艺多件包装设计

设计师：艾德丽安·纳吉

OÁZIS
OÁZIS
OÁZIS

EASYFOOD
simply tasty
1,5%
MILK
UHT low fat milk.
Excellent source of
calcium. Enriched
with vitamin D.
Good for reduced
calorie diets.
1 LITRE

EasyFood

这个品牌的装饰色彩和产品造型体现了一种简约式的风格。基于“Easy”（便捷）的理念，该包装旨在通过一种简洁、大方而又夺目的设计形式来推销这款中档价位的产品，而我们在设计过程中添加的这些动感图形，也以一种微妙的效果烘托了该包装整个外观上的视觉感染力。

设计师：艾德丽安 · 纳吉
国家：法国
客户：个人
摄影师：艾德丽安 · 纳吉

EASYFOOD
simply tasty

APPLE
CHIPS

Healthy and crispy
red apple snacks with
soft crunch. Fat free.
No sugar added.

EASYFOOD
simply tasty
TORTILLA CHIPS
Yellow corn tortilla chips are worthy of your next gathering. Taste better with dipping sauces such as salsa or quacamole.

EASYFOOD
simply tasty
NATURE STICKS
Crispy potato sticks. Do not contain any artificial colours or flavours. Cooked in sunflower oil which is naturally low in saturated fat.

EASYFOOD
simply tasty
1,5% MILK
UHT low fat milk. Excellent source of calcium. Enriched with vitamin D. Good for reduced calorie diets.

EASYFOOD
simply tasty
2,8% MILK
UHT whole milk. Excellent source of calcium. Enriched with vitamin D. Best kind of milk for baking.

CHOCO MILK
Fat free chocolate milk. Rich in calcium and vitamin A and D. No sugar added.

EasyFood

设计师：艾德丽安·纳吉

EASYFOOD
simply tasty
STRING BEANS
Green string beans. Source of folic acid and fiber needed for proper digestion. Bean pods taste perfectly either cold or hot.

EASYFOOD
simply tasty
SLICED BEETS
Sliced red beets. Rich in carbohydrates and iodine. Excellent addition to salads. May be served warm.

EASYFOOD
simply tasty
BABY CARROTS
Delicate baby carrots. Rich in carotene. Decorative addition to salads and lunch or dinner dishes.

EASYFOOD
simply tasty
SWEET CORN
Naturally sweet, juicy and crunchy corn. Taste great in salads.

EASYFOOD
simply tasty
SWEET PEAS
Exquisite, delicate, sweet peas. Excellent addition to salads, vegetable risottos or decorative dishes.

EASYFOOD
simply tasty
RED BEANS
Red beans in a natural brine. Nutritious and rich in essential nutrients for health. Tasty addition to soups or in salads.

EASYFOOD
simply tasty
SPRING MIX
Peas with baby carrots. Vegetable mix of balanced and harmonious taste. Delicate supplement to meals or base for vegetable salads.

EASYFOOD
simply tasty
MEXICAN MIX
Prepared vegetable dish. Recommended both as a snack or appetizer, as well as an addition to salads.

猫王

猫王（Cat Leader）是杰奥赫拉斯（Geohellas）公司生产发行的一款家庭式高质量自然猫砂。该产品线有 8 款产品（普通型、普通带香型、凝结型、凝结带香型，每种分为 5 千克和 10 千克两种包装），出口超过 15 个国家。“快乐猫咪的最佳选择”是该产品一直坚守不变的营销理念，而为了能够充分地体现出猫王猫砂的特色，我们意在将该品牌的名称和标志符号，充分地应用在包装设计之中。“猫王”这个名字，隐喻了该产品所具有的一种优越品质，包装上的字体标识，也在烘托该产品猫咪主角的同时形成了视觉冲击力。这款包装设计尽管看起来十分抽象，但十分有效，不仅它的整体效果能使该猫砂在各种同类产品中脱颖而出，猫咪丰满的视觉形象也十分契合加粗文字所传达的某种商业信息。

设计师：维姬・尼奇奥波罗
国家：希腊
设计机构：Busybuilding 工作室
创意总监：季米特里斯・格卡吉斯
设计总监：季米特里斯・格卡吉斯
客户：杰奥赫拉斯
摄影师：季米特里斯・普帕罗斯

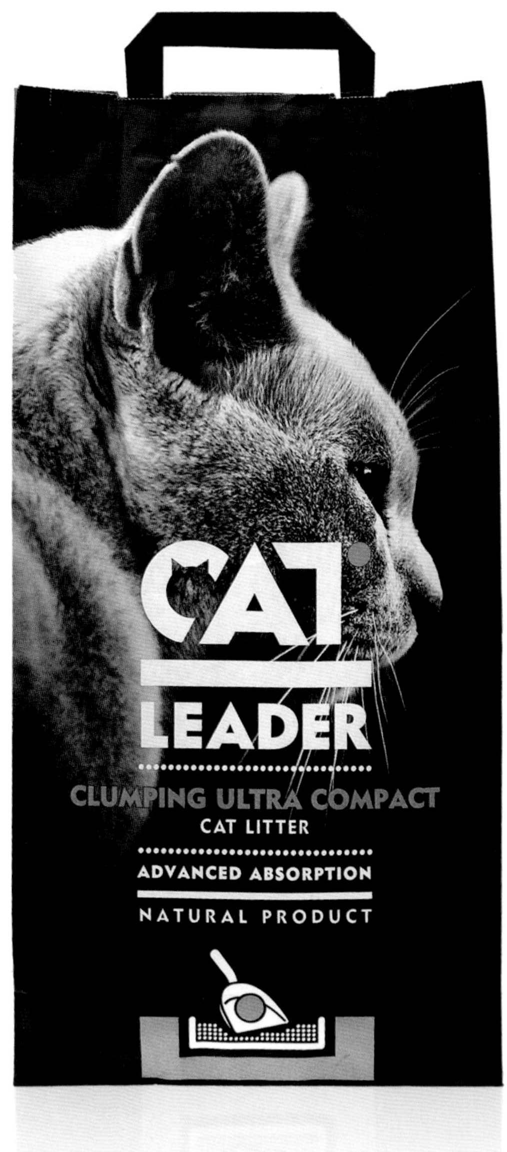

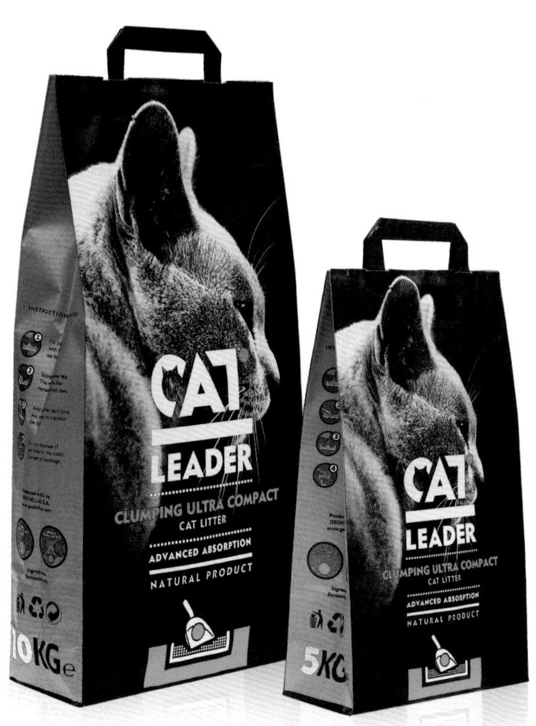
CAT
LEADER
CLUMPING ULTRA COMPACT
CAT LITTER
ADVANCED ABSORPTION
NATURAL PRODUCT
10KG
5KG

CAT
LEADER
CLASSIC
CAT LITTER
SUPER ABSORBENT
NATURAL PRODUCT
5KG
10KG

亲爱的克里特岛
传统系列、香料系列、有机系列

“亲爱的克里特岛”（Dear Crete）是克里特人制作和烘培的一款甜品饼干。对于品牌再造而言，市场定位和目标受众往往是其中最重要的两个环节，因为这两个要素不仅能够展现出产品的质量及品位，还可以映射出品牌发源地的文化特色和历史渊源。为“亲爱的克里特岛”重新命名，是我们对该品牌进行再造推广的第一个环节，而为了使命名的每一款饼干都能在克里特主旋律下形成不同的节奏，我们将该品牌划分为了三个不同的系列产品，即“传统”、“香料”和“有机”系列。对该产品进行品牌再造的第二个环节就是视觉形象设计。在标识设计方面，我们将希腊单词“Kalabokis”的首字母“K”作为刻画主体，并在它原有的形态基础之上对其进行抽象和变形；橄榄枝符号也是包装载体上的主要装饰要素，因为这种符号不仅能够突出克里特饼干所用橄榄油的纯正，还可以烘托起整个包装的美感效应。然而，从产品设计的角度而论，无论采用哪种别致的手法来对其进行塑造，注重产品本身的特点始终都应该是一个设计师重点把握的环节。如图所示，克里特饼干“香料系列”的包装设计，其每个载体上都显示着不同的口味，而为了通过丰富的图案、字体和色彩来对该产品的属性进行刻画，我们则根据每种不同的原料要素，以摄影和插画的形式表现；“有机系列”的包装设计，注重于体现原材料的使用纯度及产品本身的特点，例如白色包装盒上饼干咔嚓一咬的形象化特征，就生动地体现出了每一款饼干所具有的特殊口味；克里特饼干“传统系列”的包装设计，主要是以白色背景作为依托，通过照片的形式来对每种口感进行展现，在此基础之上，为了进一步突出当代艺术效果，我们采用了浮雕印刷的方式为其赋予了古典美的装饰色彩。

设计师：维姬·尼奇奥波罗、科斯蒂斯·索蒂雷克斯、马里诺斯·科洛柯萨斯
国家：希腊
设计机构：Busybuilding 工作室
创意总监：季米特里斯·格卡吉斯
设计总监：季米特里斯·格卡吉斯
客户：Kalabokis SA
摄影师：季米特里斯·普帕罗斯

DEARCRETE
KALABOKIS FAMILY, SINCE 1930
ECLECTIC FIG COOKIES
HAND MADE & DELICIOUS - WITH FIGS FROM KIMI P.D.O. & EXTRA VIRGIN OLIVE OIL OF SITIA P.D.O. ℮ 200g/7,05 oz
ECLECTIC FIG COOKIES

DEARCRETE
ECLECTIC MASTIHA COOKIES

DEARCRETE
ECLECTIC OUZO BISCUITS

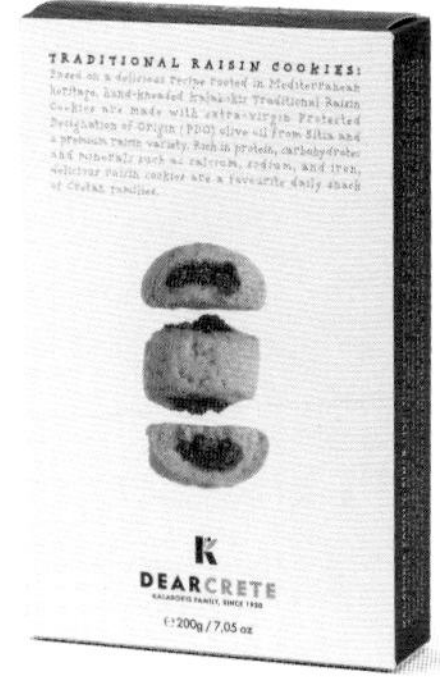

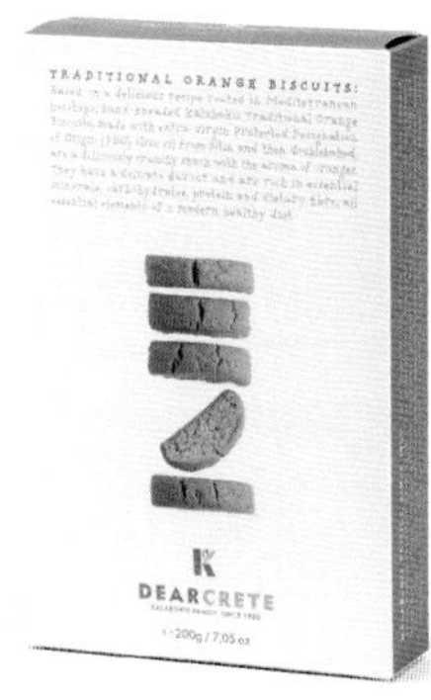

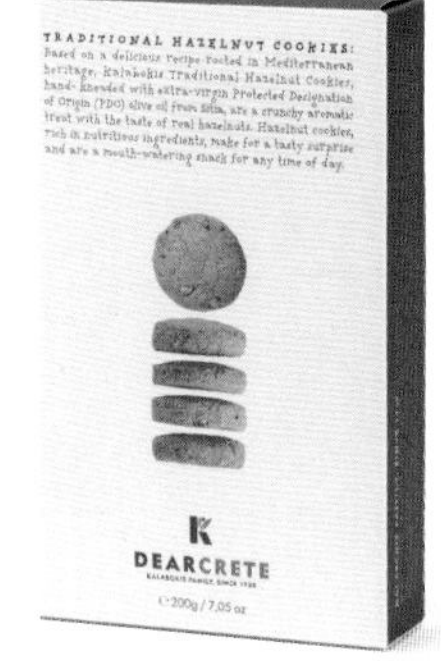

亲爱的克里特岛

传统系列、香料系列、有机系列

设计师：维姬・尼奇奥波罗、科斯蒂斯・索蒂雷克斯、马里诺斯・科洛柯萨斯

TRADITIONAL OLIVE OIL AND SESAME SEED COOKIES:
Based on a delicious recipe rooted in Mediterranean heritage, hand-kneaded Kalabokis Traditional Olive Oil and Sesame Seed Cookies, made with extra-virgin Protected Designation of Origin (PDO) olive oil from Sitia, are high in protein, carbohydrates, essential minerals and dietary fibre. A deliciously crunchy low-cholesterol snack to enjoy at any time of day.
DEARCRETE
KALABOKIS FAMILY, SINCE 1930
℮200g / 7,05 oz

TRADITIONAL WALNUT COOKIES:
Based on a delicious recipe rooted in Mediterranean heritage, hand-kneaded Kalabokis Traditional Walnut Cookies, made with extra-virgin Protected Designation of Origin (PDO) olive oil from Sitia, are delightfully crunchy with a delicate flavour and delicious aroma. Walnuts, which are nutritious and high in polyunsaturated and omega-3 fats, add a new taste dimension to traditional handmade cookies. As well as making them even richer in protein, carbohydrates and essential minerals, they give you energy at any time of day.
DEARCRETE
KALABOKIS FAMILY, SINCE 1930
℮200g / 7,05 oz

TRADITIONAL ALMOND BISCUITS:
Based on a delicious recipe rooted in Mediterranean heritage, Hand-kneaded Kalabokis Traditional Almond Biscuits, made with extra-virgin Protected Designation of Origin (PDO) olive oil from Sitia, are double-baked and deliciously crunchy. Nutritionally rich in protein, carbohydrates, dietary fibre and essential minerals and very low in cholesterol, it is not by chance that they are a favourite daily snack among Cretans.
DEARCRETE
KALABOKIS FAMILY, SINCE 1930
℮200g / 7,05 oz

TRADITIONAL LEMON COOKIES WITH BASIL:
Based on a delicious recipe rooted in Mediterranean heritage, Kalabokis Traditional Lemon Cookies with Basil, hand-kneaded with extra-virgin Protected Designation of Origin (PDO) olive oil from Sitia, are bursting with the taste of Greek summer. With a tempting lemony flavour and scented with Cretan herbs, they are a delicious, healthy treat for demanding palates.
DEARCRETE

Qwicky

Qwicky 是森普利汉堡店（Simply Burgers）推出的一款新式汉堡，它的价格不但比其他公司制作的同类产品要低，其质量也比其他绝大多数的汉堡包要好得多。如图所示，Qwicky 汉堡的包装盒和包装袋，与其产品整体的品牌形象形成高度契合。在此基础之上，为了使该产品的包装能够在朴素的风格中萌生一种时尚特色，我们利用色彩与字体相组合的形式，在牛皮纸包装盒的版面上突出了这款新产品的活力。

设计师：科斯蒂斯・索蒂雷克斯
国家：希腊
设计机构：Busybuilding 工作室
创意总监：季米特里斯・格卡吉斯
艺术总监：季米特里斯・格卡吉斯
客户：森普利汉堡店

谁在意

“谁在意”（Who Cares）是杰奥赫拉斯公司生产销售的一款家庭式猫砂，图中所展现的这套作品，就是我们团队为该产品重新打造的一款新型标识及品牌包装设计。如图所示，该包装的设计形式十分简洁大方，而这种设计手法，旨在突出一种新古典主义风格。

设计师：维姬・尼奇奥波罗、马里诺斯・科洛柯萨斯
国家：希腊
设计机构：Busybuilding 工作室
创意总监：季米特里斯・格卡吉斯
设计总监：季米特里斯・格卡吉斯
客户：杰奥赫拉斯
摄影师：季米特里斯・普帕罗斯

托马斯 · J. 富奇

这是我们为富奇（Fudges）公司于 2012 年所打造的一款新型品牌设计。富奇是位于英格兰多塞特郡的一家家族式面包店，其经营时间至今为止已经有 100 多年了，他们制作的饼干甜品味道独特，所以多年来一直保有大量的忠实客户。然而，伴随着英国国内市场竞争的日益激烈，富奇面包店感受到了一种史无前例的压力，他们非常担心，有一天自己的产品会从售货架上逐渐消失。为了解决他们的担忧，我们对该品牌的形象进行了重新的定位和塑造，并尝试将其名称从原来的"富奇面包店"改为"托马斯 · J. 富奇特色面包店"（Thomas J Fudge's Remarkable Bakery）。如图所示，包装盒上新颖独特的插画图像，生动地展现了维多利亚时代的文化气息，而花卉植物和活力色彩的巧妙组合，也无形中映射出了每一款产品所具有的原料及品味。

设计机构：大鱼设计有限责任公司
国家：英国
创意总监：佩里 · 海顿 · 泰勒
客户：托马斯 · J. 富奇

THOMAS.J.FUDGE'S™
REMARKABLE BAKERY EST.1916

THOMAS.J.FUDGE'S
REMARKABLE BAKERY EST.1916
MANY-SHAPED MISCELLANY
OF BISCUITS FOR CHEESE
AN INDISPENSIBLE SELECTION OF SAVOURY BITES FOR
CHEESE-TASTING SUPPERS AND WINE-SIPPING SESSIONS
BEST DEVOURED BEFORE:
300G
10.5oz℮

托马斯·J. 富奇

设计机构：大鱼设计有限责任公司

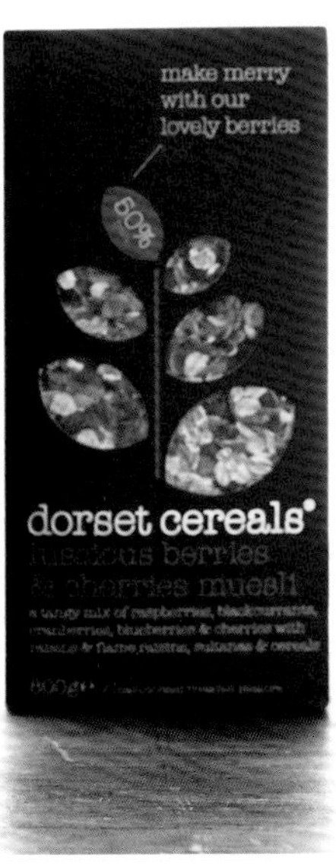

多塞特麦片

当前，多塞特麦片（Dorset Cereals）已经被朗鸿资本（Langholm Capital）完全收购，而在此之前，该公司为了使这款产品能够在国内更畅销，委托我们为其打造一款新的品牌形象来提升其产品的市场竞争力。多塞特麦片的质量是相当不错的，但就它原始的包装形式而论，更像是宠物店的商品，在与诸如维特罗斯（Waitrose）这样的高档早餐麦片比较时，其包装明显逊色很多。图中所展示的这套作品，是我们为多塞特麦片于 2005 年打造的一款新式包装，至今为止，该产品一直使用这套款式。当然，除了对品牌及包装进行再造外，我们还为多塞特麦片设计了一系列的网络营销策略（如网络促销、在线游戏等），并以此来帮助该产品保留大量的消费者及商业用户。（更多详情请登录 www.dorsetcereals.co.uk）

在帮助多塞特麦片走向成功的道路上，我们并没有采用任何线上广告来对其进行宣传，而是引导该产品去不断地招募网络用户，并定期接收他们的反馈信息和点评。近年来，多塞特麦片在我们的品牌再造下已经盈利了近 4500 万英镑，并且已经开始与社会福利集团（The Wellness Group）展开合作了。

设计机构：大鱼设计有限责任公司
国家：英国
创意总监：佩里·海顿·泰勒
客户：多塞特麦片

古巴之魂

在 20 世纪 40 年代，古巴是世界上最大的咖啡出口国，每年的咖啡豆输出量都在两万吨以上，之后古巴咖啡豆的出口陷入了波折，其生产总量也平稳下滑。直到 2012 年，古巴咖啡再一次成为了世界消费者的最爱。菲利普·奥本海姆（Phillip Oppenheim）是一位古巴前国会议员，在他退休以后的近几年中，一直致力于与老朋友们再创古巴咖啡在世界范围内的辉煌。为了实现这个目标，菲利普委托我们为其打造一款具有视觉美感的品牌形象设计。我们对古巴咖啡有着十分深厚的情感，所以很愿意投入他们的品牌营销之中。Alma de Cuba（译为“古巴之魂”）是我们为该产品所制定的品牌名称，主要是为了突出该作品的设计方案是在古巴民间艺术（拉丁美洲居民的绘画天赋）的激发下确立形成的。

设计机构：大鱼设计有限责任公司
国家：英国
创意总监：佩里·海顿·泰勒
客户：古巴之魂

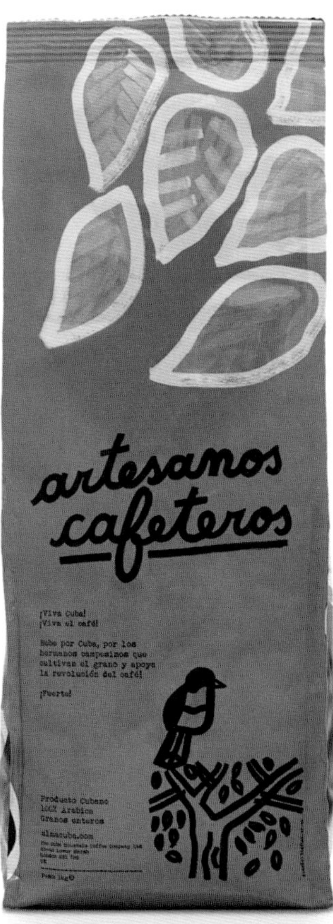

卡洛

卡洛(Kall∅)是一个可替代诸如蛋糕、饼干、面包和浓缩固体汤料的健康营养品，其口感既天然又美味。然而，虽然该产品一直都受到众多消费者的青睐，但它冷酷的包装根本无法反映出其品牌的形象与特色。

经过广泛的调研和分析之后，我们发现购买卡洛营养品的消费者绝大多数是对自己的饮食习惯十分清楚的聪明人士，在这种情况下，之前的旧式包装总会使他们感觉自己像是具有“特殊需求”的人，而并非是出于体验自然风味才会购买此种产品的人。因此，为了将卡洛消费者的思想从“功能食品”的禁忌中解放出来，我们对该产品的品牌形象进行了重新定位，从而让广大的消费者都能对卡洛食品形成一种新的认知。其实让人们爱上一种食品的方法是十分简单的，你只需要凭借爱写一首诗和画一幅画，就可以啦！

设计机构：大鱼设计有限责任公司
国家：英国
创意总监：佩里·海顿·泰勒
客户：卡洛

卡洛

设计机构：大鱼设计有限责任公司

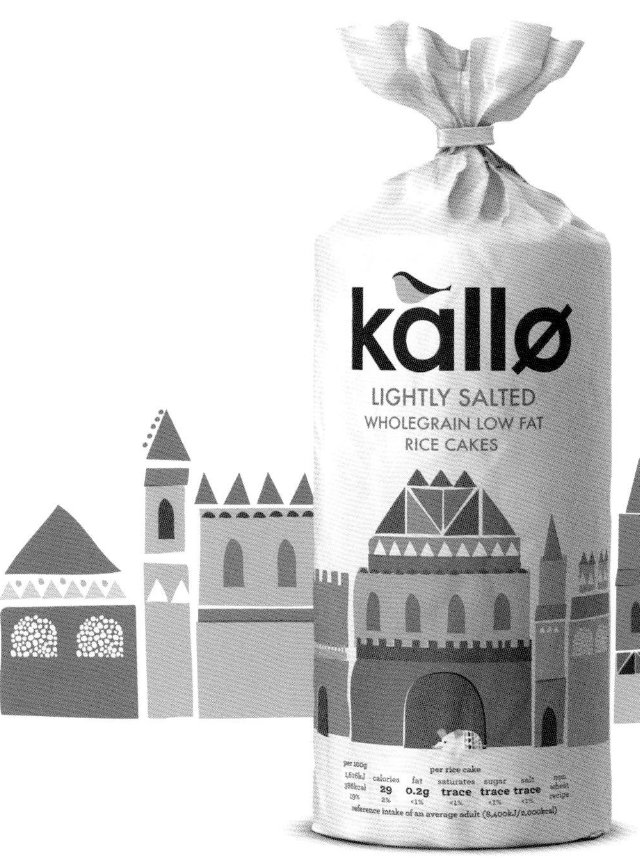

kallø
LIGHTLY SALTED
WHOLEGRAIN LOW FAT
RICE CAKES
per 100g
1,616kJ
386kcal
19%
per rice cake
calories 29 2%
fat 0.2g <1%
saturates trace <1%
sugar trace <1%
salt trace <1%
non wheat recipe
reference intake of an average adult (8,400kJ/2,000kcal)

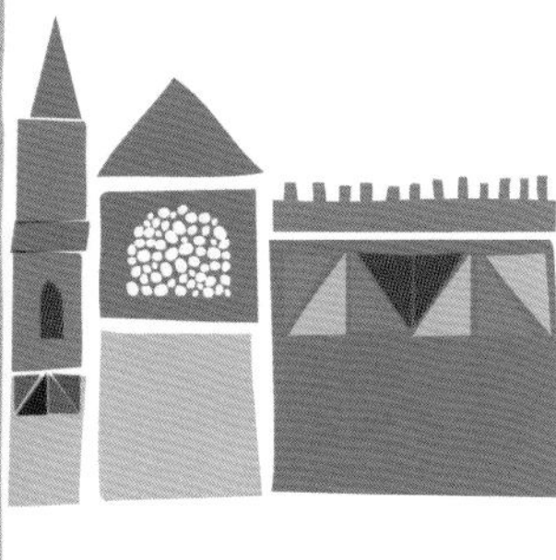

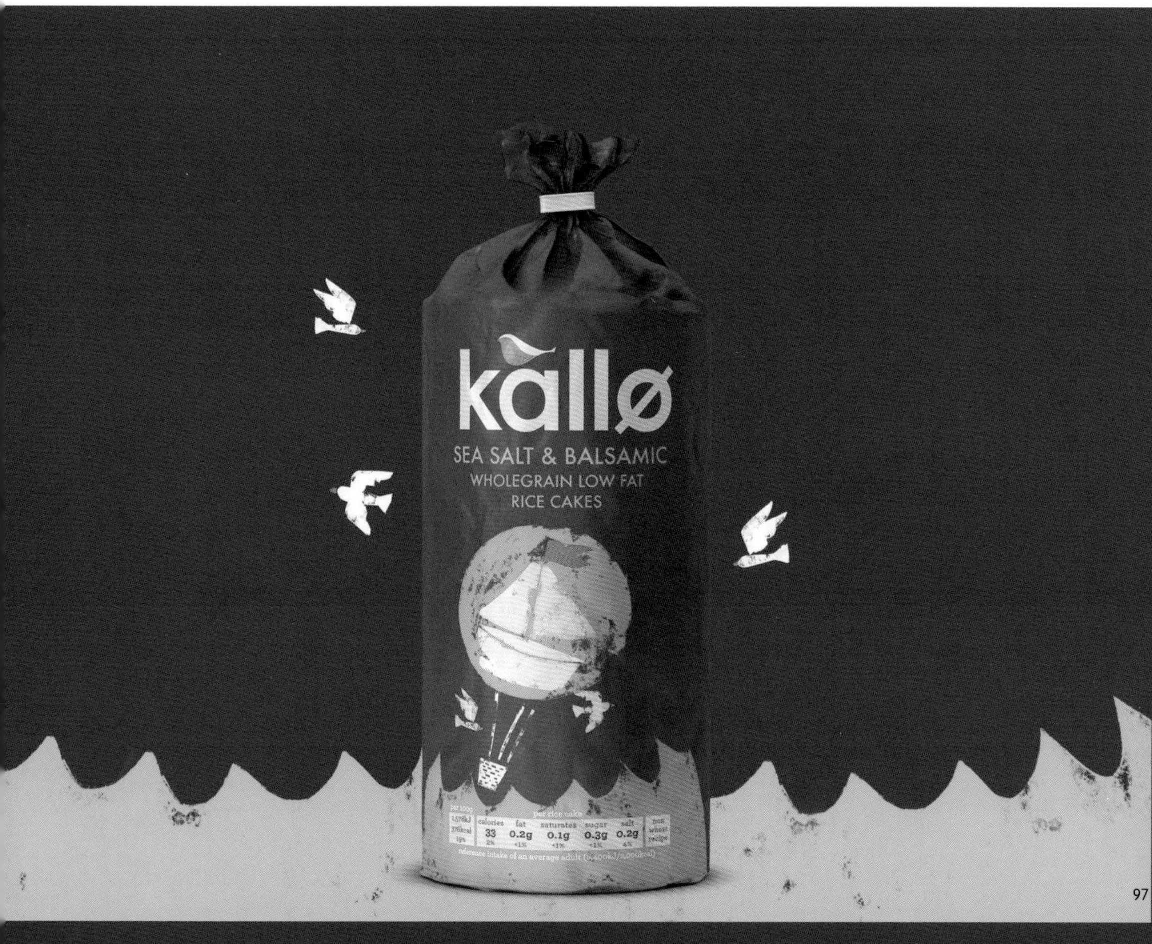

kallø
SEA SALT & BALSAMIC
WHOLEGRAIN LOW FAT
RICE CAKES
per rice cake
calories 33
fat 0.2g
saturates 0.1g
sugar 0.3g
salt 0.2g
non wheat recipe

Leche condensada azucarada
With sugar
fat: 8,5%
Milada
SWEETENED CONDENSED MILK

BEFORE
AFTER
with sugar
MILADA
SWEETENED CONDENSED MILK
LECHE CONDENSADA AZUCARADA
Leche condensada azucarada
With sugar
fat: 8,5%
Milada
SWEETENED CONDENSED MILK

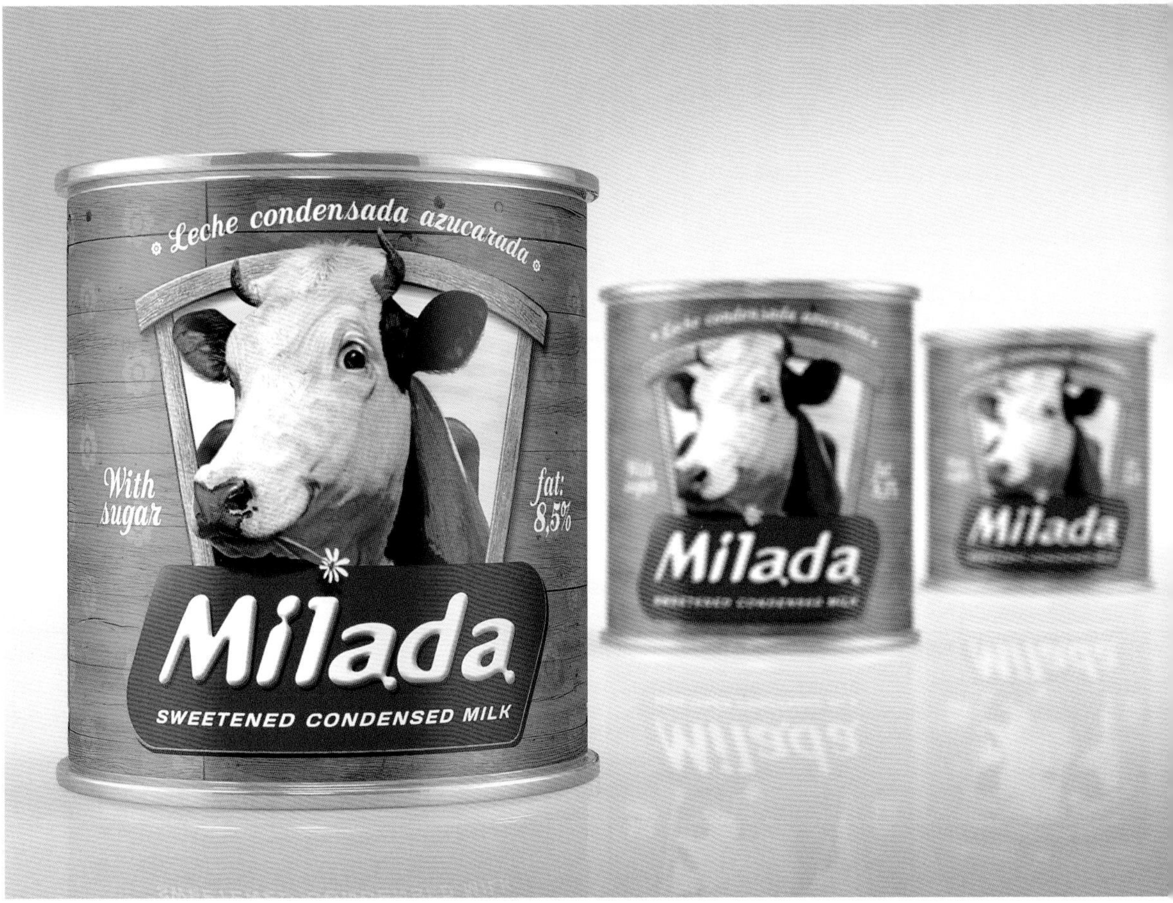

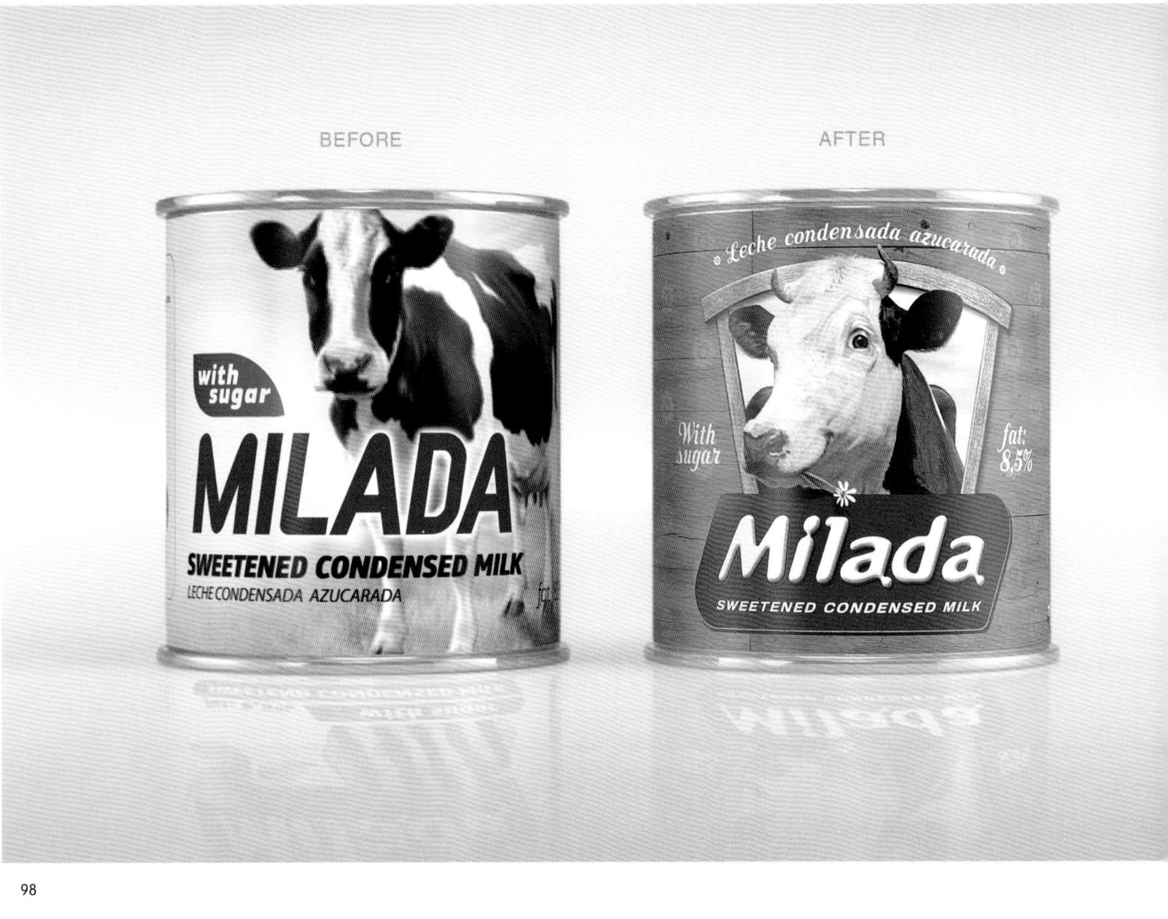

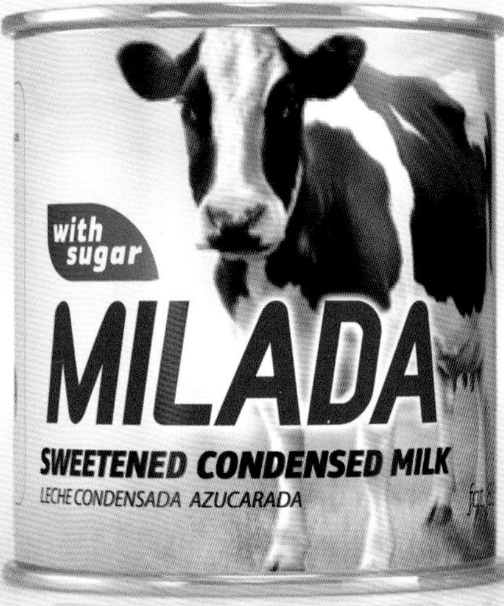

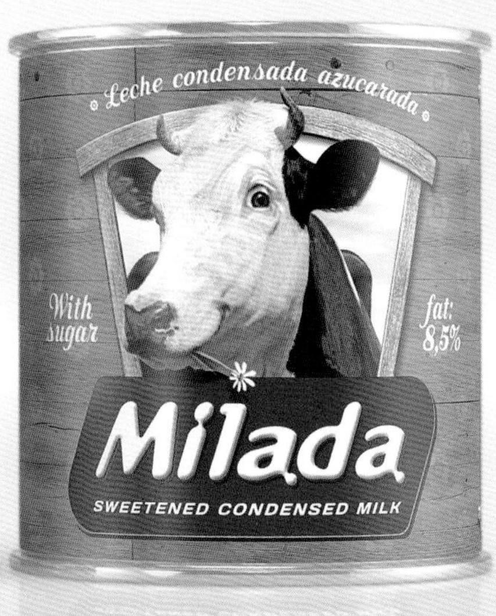

米拉达

米拉达（Milada）是乌克兰伊奇尼亚市的一家炼乳制造商，其产品出口至海外 28 个国家。该作品是为米拉达打造的一款品牌包装设计，目的是为了使该产品能够适应古巴市场。

设计机构：布兰迪皮特公司
国家：乌克兰
客户：米拉达

Використано технологію випікання
кукурудзяні снеки
пан Качан
зі смаком БЕКОНУ
зі смаком СИРУ
зі смаком ПІЦИ
зі смаком варених РАКІВ
GOLDEN FOODS

кукурудзяні снеки
пан Качан
зі смаком БЕКОНУ

潘卡恰

潘卡恰（Pan Kachan）即为“玉米先生”，是金色食品有限公司（Golden Foods）为广大儿童所生产销售的一种纯天然膨化玉米卷。

该作品是布兰迪皮特设计公司为潘卡恰打造的一款儿童版的包装设计。如果想让该产品在同类零食中更为形象化、更吸引儿童消费者，包装的视觉感染力的塑造是其中最为重要的一个环节。

设计机构：布兰迪皮特公司
国家：乌克兰
客户：金色食品

Приправка
идеальная натуральная
Овощная лавка
Зелень и овощи для борща
100 г
1175 г
БЕЗ СОЛИ И ДОБАВОК

Приправка
идеальная натуральная
Овощная лавка
Морковь и лук
100 г
1167 г
БЕЗ СОЛИ И ДОБАВОК

Приправка
идеальная натуральная
Овощная лавка
Грибы и овощи
100 г
1875 г
БЕЗ СОЛИ И ДОБАВОК

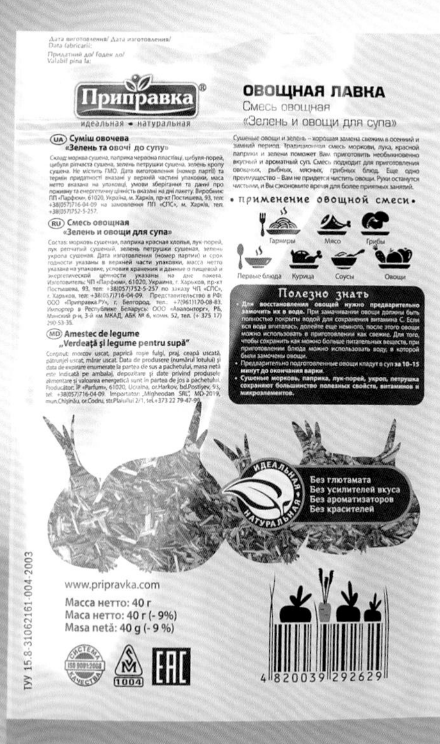
Приправка
идеальная натуральная
ОВОЩНАЯ ЛАВКА
Смесь овощная
«Зелень и овощи для супа»
Суміш овочева
«Зелень та овочі до супу»
Смесь овощная
«Зелень и овощи для супа»
Amestec de legume
„Verdeață și legume pentru supă"
применение овощной смеси
Гарниры
Мясо
Грибы
Первые блюда
Курица
Соусы
Овощи
Полезно знать
Без глютамата
Без усилителей вкуса
Без ароматизаторов
Без красителей
ИДЕАЛЬНАЯ
НАТУРАЛЬНАЯ
www.pripravka.com
Масса нетто: 40 г
Маса нетто: 40 г (- 9%)
Masa netă: 40 g (- 9 %)
ТУУ 15.8-31062161-004-2003
4 820039 292629

Приправка
идеальная натуральная
Овощная лавка
Зелень и овощи для супа
ИДЕАЛЬНАЯ
НАТУРАЛЬНАЯ
100 г
1175 г
СУШЕНЫХ ОВОЩЕЙ
СВЕЖИХ ОВОЩЕЙ
БЕЗ СОЛИ И ДОБАВОК

Ovoschnaya Lavka（蔬菜类食品）

Pripravka 是乌克兰的一家香料制造商，其市场份额近年来一直稳步增长。为了扩大产品规模，Pripravka 推出了一系列新鲜的蔬菜混料和草本香料。天然原料是 Pripravka 蔬菜食品最为核心的品质，为了将这种品质以一种视觉形象生动地表现出来，我们为其设计了一系列食品包装，以突出 Pripravka 蔬菜所具有的新鲜感和自然感。

设计机构：布兰迪皮特公司
国家：乌克兰
客户：金色食品

Grano Dorato

Grano Dorato

Grano Dorato 是意大利的一款面食，其烹饪风格充分体现了意大利北部特有的文化特色。为了突出 Grano Dorato 的特点，我们采用了少即是多的色彩模式，而为了使该包装的整体风格能够彰显大气非凡的视觉格调，我们也使用了一系列微妙生动的插画图案。

设计机构：Agência BUD 设计公司
国家：巴西
创意总监：罗德里戈·基亚瓦里尼、富兰克林·赞帕尼
客户：概念（Concept）
摄影师：Agência BUD 摄影

Grano Dorato
SOPRATTUTTO MACCHERONI
farfalle
PRODUCED BY
THE AGENCIA BUD
COMPANY
500G

Grano Dorato
SOPRATTUTTO MACCHERONI
rigatoni
PRODUCED BY
THE AGENCIA BUD
COMPANY
Grano Dorato
SOPRATTUTTO MACCHERONI
radiatore
PRODUCED BY
THE AGENCIA BUD
COMPANY
500G

Bianco Panna

Bianco Panna 是一种乳制品，其包装的设计灵感源于 20 世纪 60 年代的时代风格。如图所示，该产品的玻璃包装是以一种古典风格和简洁布局的方式来进行设计的，通过这种形式风格，品牌能够在很大程度上与当今社会所主张的环保意识达成一致。

设计机构：Agência BUD 设计公司
国家：巴西
创意总监：罗德里戈·基亚瓦里尼、富兰克林·赞帕尼
客户：概念（Concept）
摄影师：Agência BUD 摄影

BIANCO
PANNA
VALE
D'AOSTA
ITALIA
LATTE
DI NAPOLI
1L

PepuNutt

基于轻盈夏日及海滩的凉爽之感，我们将 PepuNutt 的软包装打造成了神清气爽的形象。PepuNutt 是一款健康美味的小吃饼干，而它的创新理念，多年来也一直深受广大客户的支持和认可。

设计机构：Agência BUD 设计公司
国家：巴西
创意总监：罗德里戈·基亚瓦里尼、富兰克林·赞帕尼
客户：概念（Concept）
摄影师：Agência BUD 摄影

pepu
nutt
snacks

pepu
nutt
snacks
chocolate
for free times

pepu
nutt
snacks
chocolate
for free times
150g

pepu
nutt
snacks
cream
for free times
150g

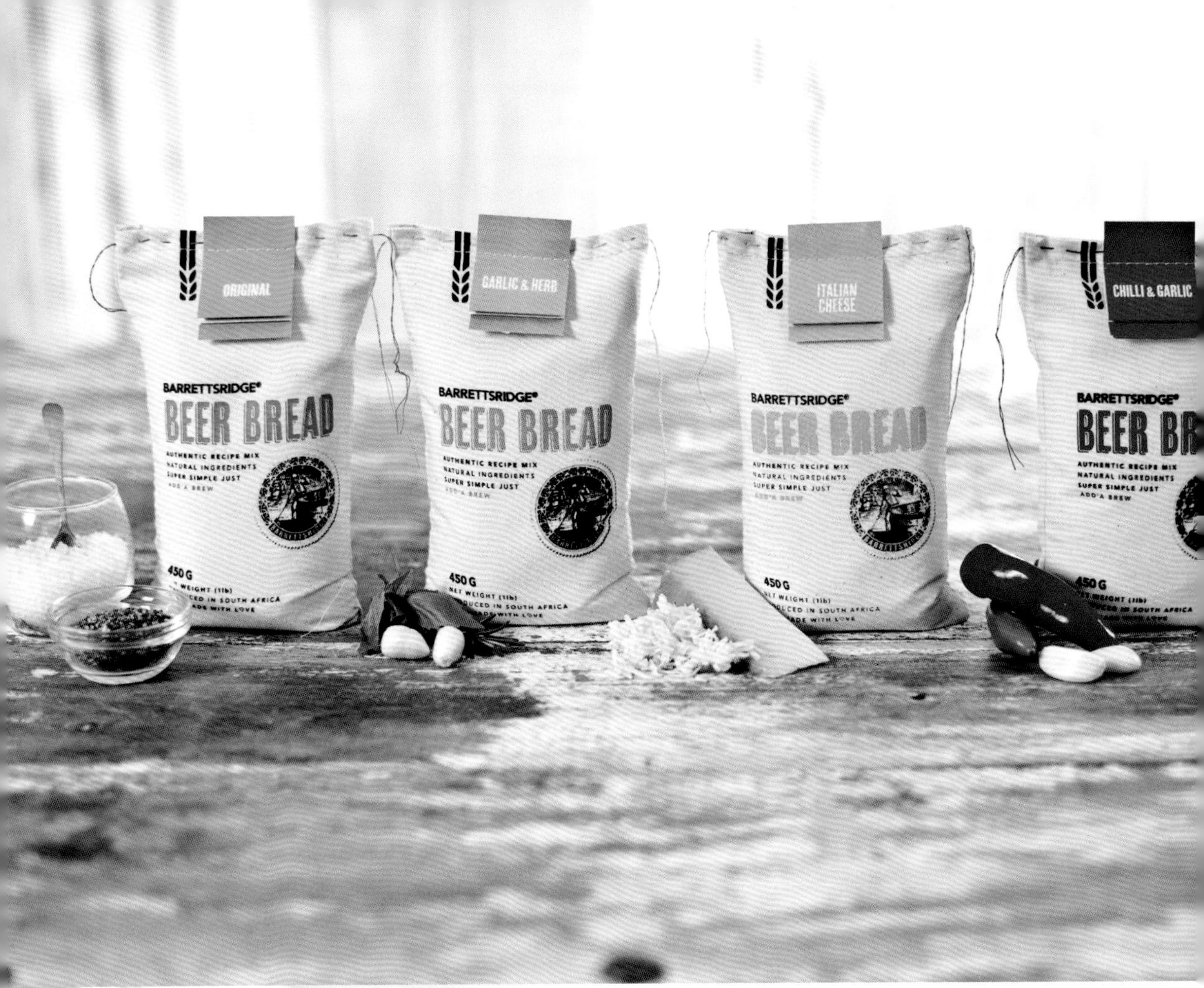
ORIGINAL
GARLIC & HERB
ITALIAN CHEESE
CHILLI & GARLIC
BARRETTSRIDGE®
BEER BREAD
AUTHENTIC RECIPE MIX
NATURAL INGREDIENTS
SUPER SIMPLE JUST
ADD A BREW
450 G

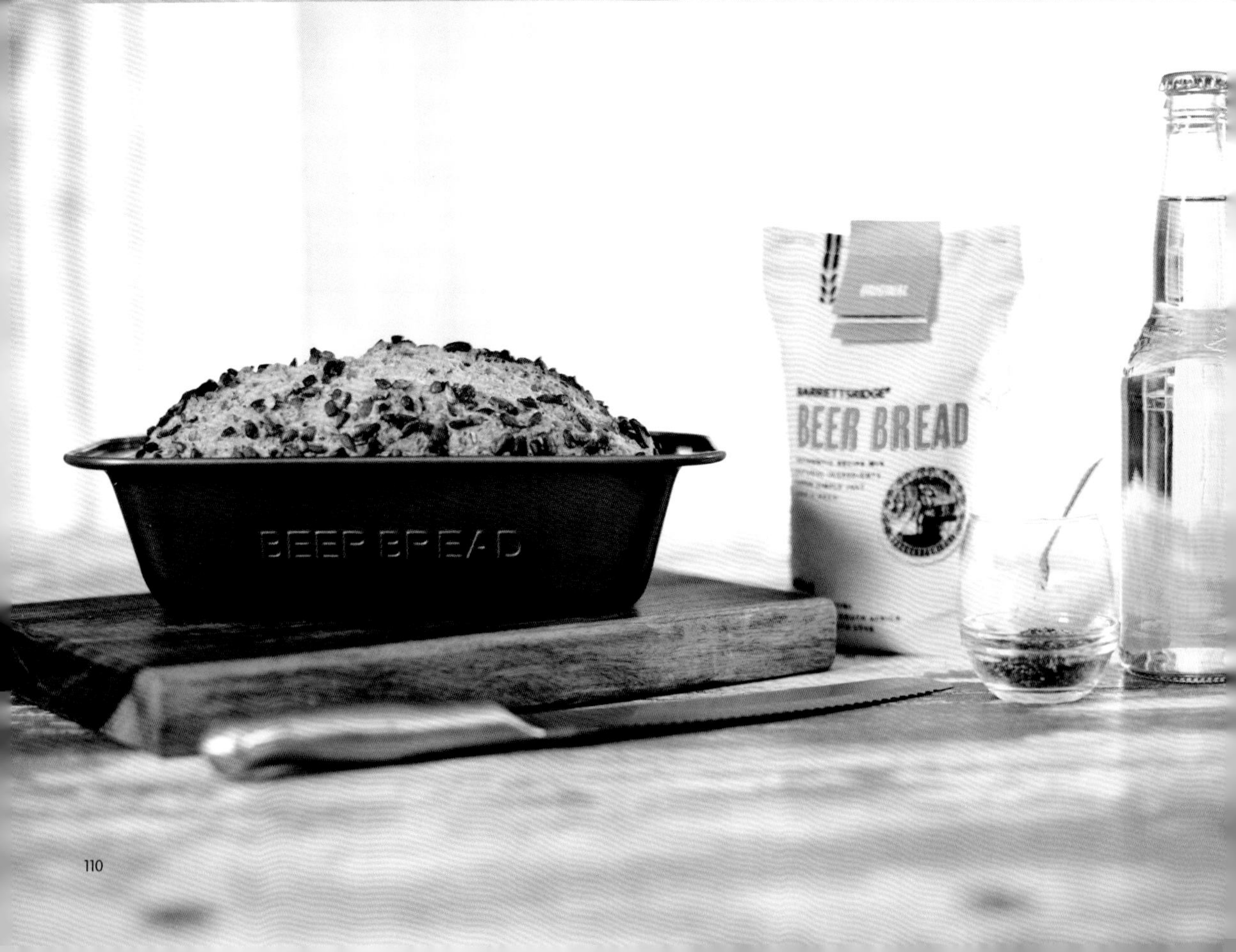
BARRETTSRIDGE®
BEER BREAD
BEER BREAD

巴雷特里奇啤酒面包

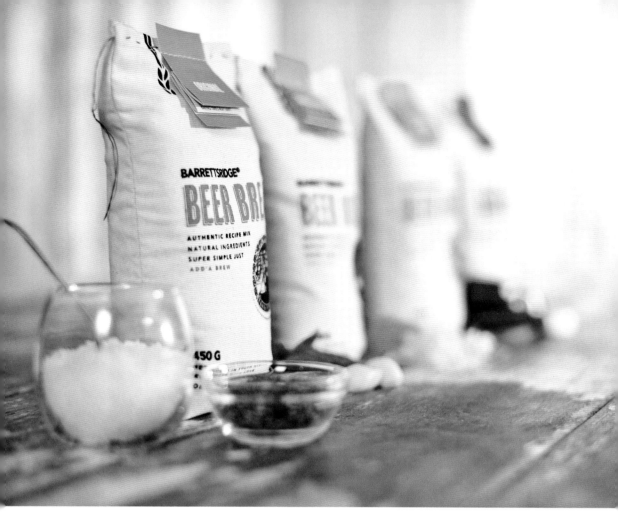

如果你喜欢面包、喜欢啤酒，那么你一定也会喜欢巴雷特里奇啤酒面包（Barretts Ridge Beer Bread）。啤酒面包的制作方法，多年来一直是祖母家庭食谱体系中的秘诀之一，而这套让啤酒和面包结合的烹调技艺，我认为的确是到了该向人们公开的时候了。

巴雷特里奇啤酒面包是一款利用天然原料烹调而成的产品，其外观自然淳朴，味道也非常新鲜、诱人。我们并没有以一种华而不实的形式来对其包装进行设计，而是以一种简约大方的风格来突出该产品有益健康和新鲜味美的特点。

如图所示，包装袋顶部的封口是手工缝制的，并且每款啤酒面包的口味是以折叠拉页的形式进行标注的；烹饪调配的具体说明在折页内部的标签中有着清晰的体现。为展现该产品的生态特点，我们选用了当地所产的一种无氯且含 90% 蔗渣的马苏加（Masuga）纸张作为折页用纸。包装袋上的自然纹理与鲜活色彩间的对比，弥漫着一股温馨的“家庭气息”。

设计师：卡里纳·恩古兹
国家：南非
设计机构：www.carinis.co
创意总监：卡里纳·恩古兹
设计总监：卡里纳·恩古兹
客户：特伦内尔·马格里奇
摄影师：克雷格·科列斯基、贾斯廷·阿拉特

诺布尔坚果乳酪

诺布尔坚果乳酪（Noble Nut Cheese）多年来一直秉承着“不吹嘘，不造作”的经营理念，我们为其所打造的这款简约式的包装，旨在突出该品牌所具有的这种特点。如今越来越多的素食主义者倾向于选择诺布尔，原因就在于他们认为该品牌所秉承的理念与他们一致。此外，由于受众主体都是具有环保意识的消费者，所以我们赋予该产品绿色环保的包装形式并对其进行宣传。该包装是从两方面来进行设计的。一方面，考虑到运送配置的问题，我们设计了一款结实耐用的运输型包装盒，为确保坚果乳酪在运送的过程中不会受到损坏，我们还在包装的内部加制了六个起固定作用的瓦楞纸板；另一方面，考虑到产品销售的问题，我们设计了一款店内展示型包装盒，展示盒的内部设有六个可回收纸板和水溶性黏结剂制作的小型包装袋，用的是可回收的糯米纸，乳酪食品在石头纸（一种防水且能生物分解的纸材）的封闭包裹下，能够确保新鲜度且在潮湿的地方不会受到任何影响。同时，包装乳酪的纸质上贴有一个诺布尔（Noble）的商标。（注：该产品所有的包装载体都是使用大豆油墨印刷的。）

设计师：尤尼卡·万·斯卡尔奎克
国家：南非
设计机构：学生项目（南非西北大学）
创意总监：尤尼卡·万·斯卡尔奎克
设计总监：尤尼卡·万·斯卡尔奎克
摄影师：尤尼卡·万·斯卡尔奎克

DEAR STEPHEN AND REBEKAH JONES

Here is a gift of spices that will give you a taste of who we are together. We've chosen seven of our favourite flavours - those with which we've cooked, those that we've enjoyed whiffing and those that remind us of times we've spent together. As you probably know, we're rather adventurous people; we love to travel, eat new foods and meet new people.

WHEN WE'RE TOGETHER, WE'LL SOMETIMES COMPARE EACH OTHER TO SPICE. MARK SAYS HOT AND DELIGHTFUL, CHARLOTTE SAYS FULL OF FLAVOUR AND AMAZING ADVENTURES.

MARK and CHARLOTTE

PLEASE RSVP

SZUCHUAN PEPPER

GROUND GINGER

MOROCCAN SUMAC

SWEET PAPRIKA

CRUSHED CHILLI

CURRY LEAVES

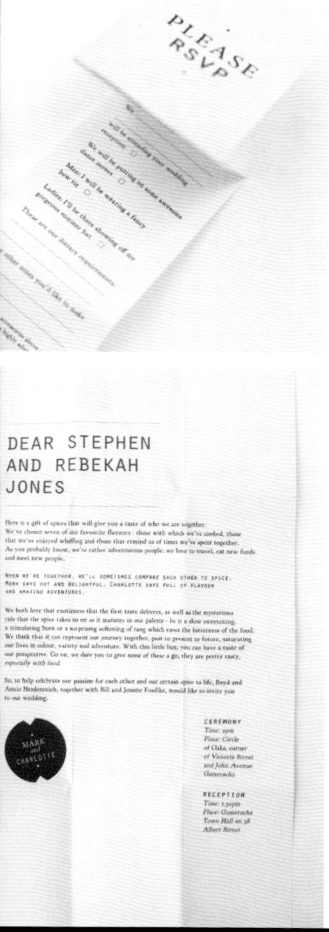

结婚

《结婚》对我来说是一个很独特的作品，因为该项目的客户是我和我的未婚夫。从事创意活动的几年来，我一直觉得为自己设计一套好的作品实在困难。很多时候，顾客的需求会使好的创意难以成为现实。而我处理这种局面的唯一方法，就是尽量将自己置于客户的角度。

为了邀请亲朋好友来参加我们的婚礼，我特意设计了一款纪念版的邀请函。为了将我们的相爱经历与亲朋好友们分享，我把我们的爱情故事写在了此次所设计的邀请函上。我为其手工制作了一个小棕盒子，里面不仅包含了之前设计的七种工艺香包，还涵盖了婚礼邀请函所传达的一系列文字信息。总之，这套邀请函的设计理念，在于向大家展现我们的美好爱情。

设计师：夏洛特·福斯迪克
国家：英国
设计机构：夏洛特·福斯迪克王国
创意总监：夏洛特·福斯迪克
客户：个人
摄影师：夏洛特·福斯迪克

喝好酒

我对食品、咖啡和酒饮有着一种极度的热爱，所以当我在为“喝好酒”（Drink Better Wine）项目进行品牌设计的时候，我的内心十分兴奋。“喝好酒”是位于澳大利亚悉尼市的一家品牌酒吧，其环境氛围温馨舒适，还被装饰得清素典雅。为了突出这家酒吧的文化风格，我们同时为其打造了一个古色古香的工业化商标，为其制作了一款玻璃酒瓶和开瓶器。此外，为了映衬该酒吧浓郁的咖啡情调，我们采用粗纸进行包装，并添加了一系列的图案要素来对其进行装饰。总的来说，这款新型包装设计的外观和风格都旨在突出该酒吧的品牌商业价值，并用美来吸引城市中众多的感性消费者。

设计师：夏洛特·福斯迪克
国家：英国
设计机构：夏洛特·福斯迪克王国
创意总监：夏洛特·福斯迪克
客户：喝好酒
摄影师：夏洛特·福斯迪克

DRINK BETTER WINE

— EST. 1995 —

CAFE RESTAURANT BAR

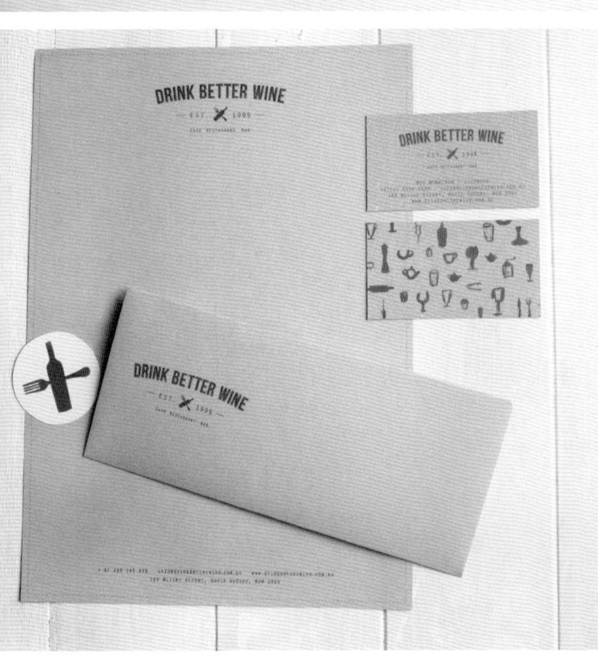
DRINK BETTER WINE
EST. 1995
DRINK BETTER WINE
DRINK BETTER WINE
EST. 1995

THIS IS
ONE OF OUR
FAVOURITES

酒

师：夏洛特·福斯迪克

喝好酒

设计师：夏洛特・福斯迪克

DRINK BETTER WINE
EST. 1995
CAFE RESTAURANT BAR

DRINK BETTER WINE
EST. 1995
CAFE RESTAURANT BAR
$50 OFF*
YOUR NEXT MEAL IS ON US!
Simply complete this voucher and present it to your waiter and we'll deduct up to $50* from the food portion of your next bill.
NAME: HANNAH SYMONS
EMAIL: HANNAHS@GMAIL.COM
EXPIRY DATE: 24/3/14

AFTERNOON
SMALL PLATES

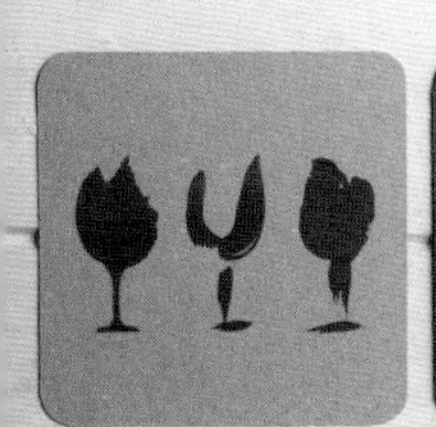

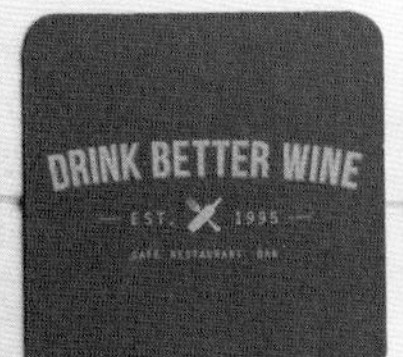

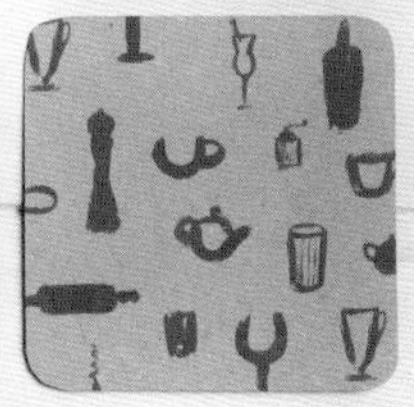

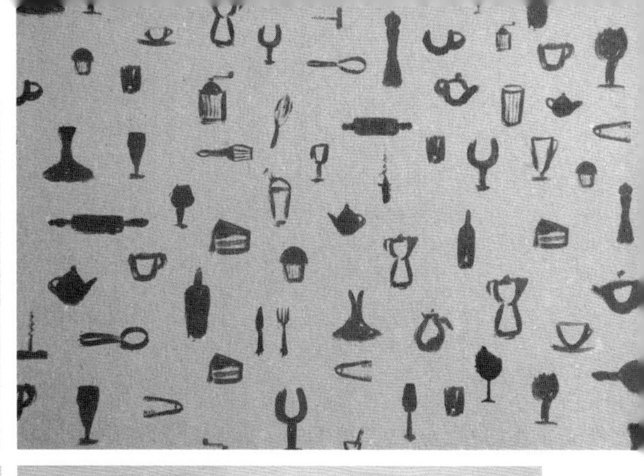

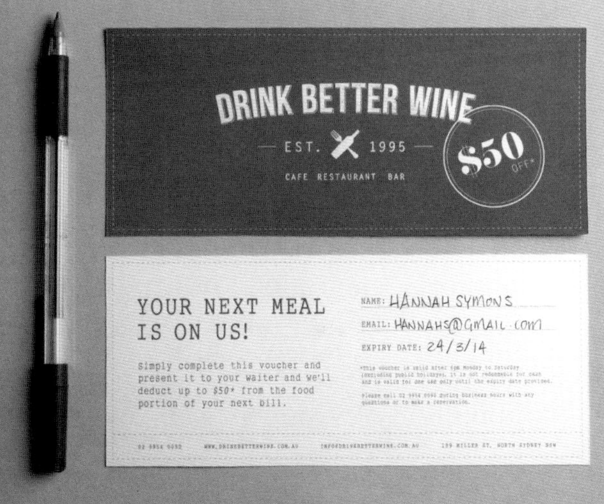

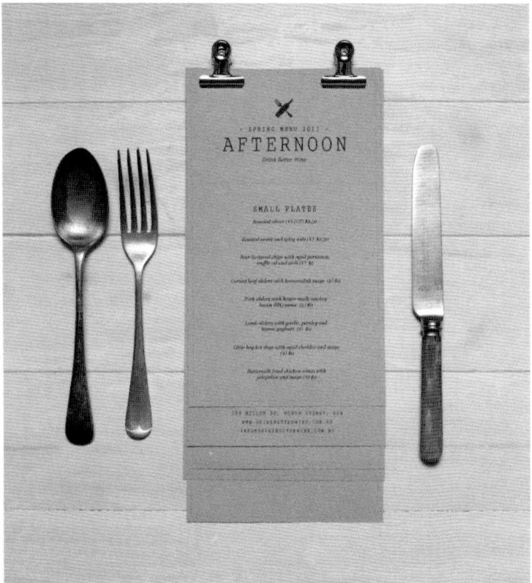

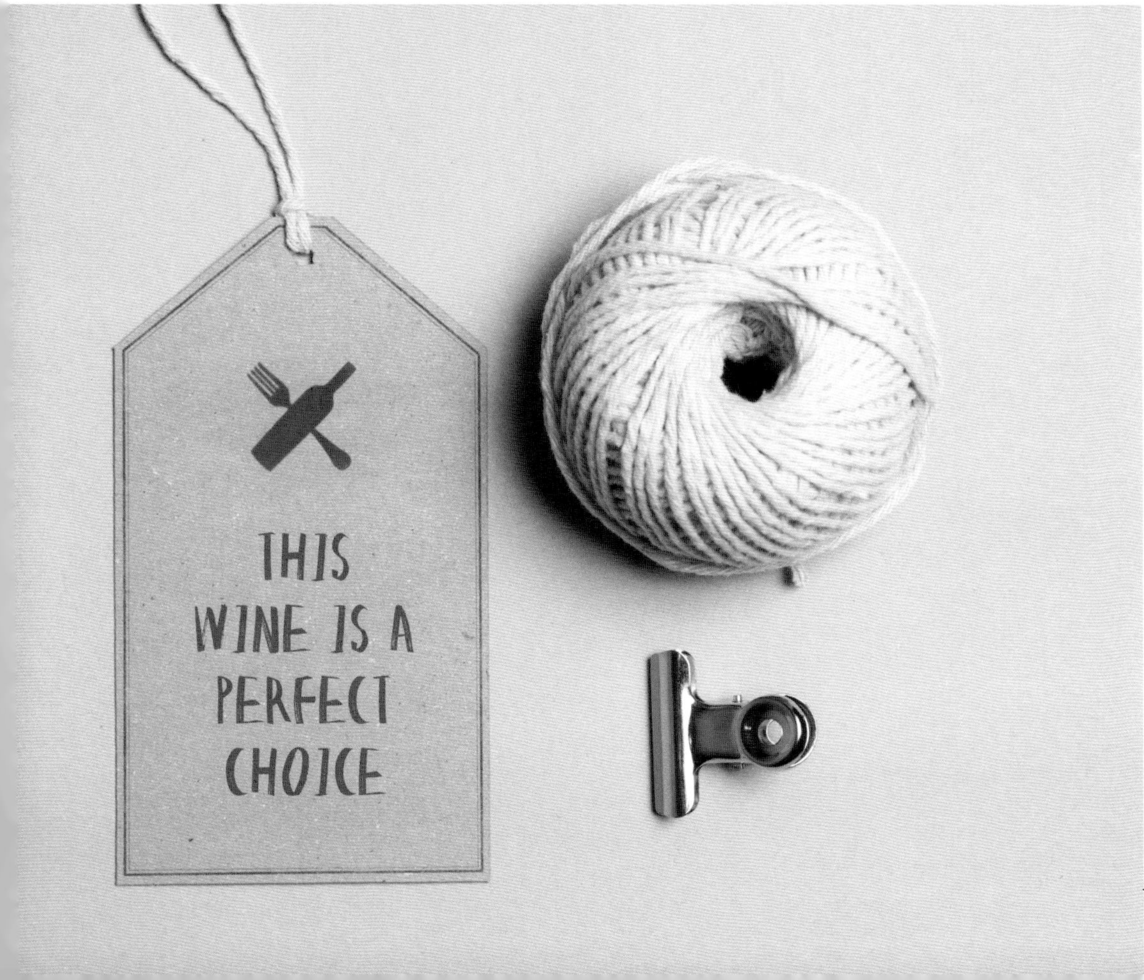

THIS WINE IS A PERFECT CHOICE

Filirea Gi

这是为一款限量版的自制葡萄酒所打造的包装设计。如图所示，包装纸上绘制的插画图像，生动地展现了葡萄酒从原料丰收到酿造的全过程。该葡萄酒的品牌名称为“Filirea gi”，其含义为“菲利罗之岛”（Filiro land）。菲利罗（Filiro）是希腊塞萨洛尼基市外的一个小村庄，而这款限量版的自制葡萄酒，就是在这个村庄的小农场里生产酿造的。

设计师：赫里斯托斯・扎菲里亚迪斯
国家：希腊
创意总监：赫里斯托斯・扎菲里亚迪斯
客户：帕沙里斯・扎菲里亚迪斯
摄影师：赫里斯托斯・扎菲里亚迪斯

Φιλυρέα γη

ΚΤΗΜΑ ΠΑΣΧΑΛΗΣ ΖΑΦΕΙΡΙΑΔΗΣ

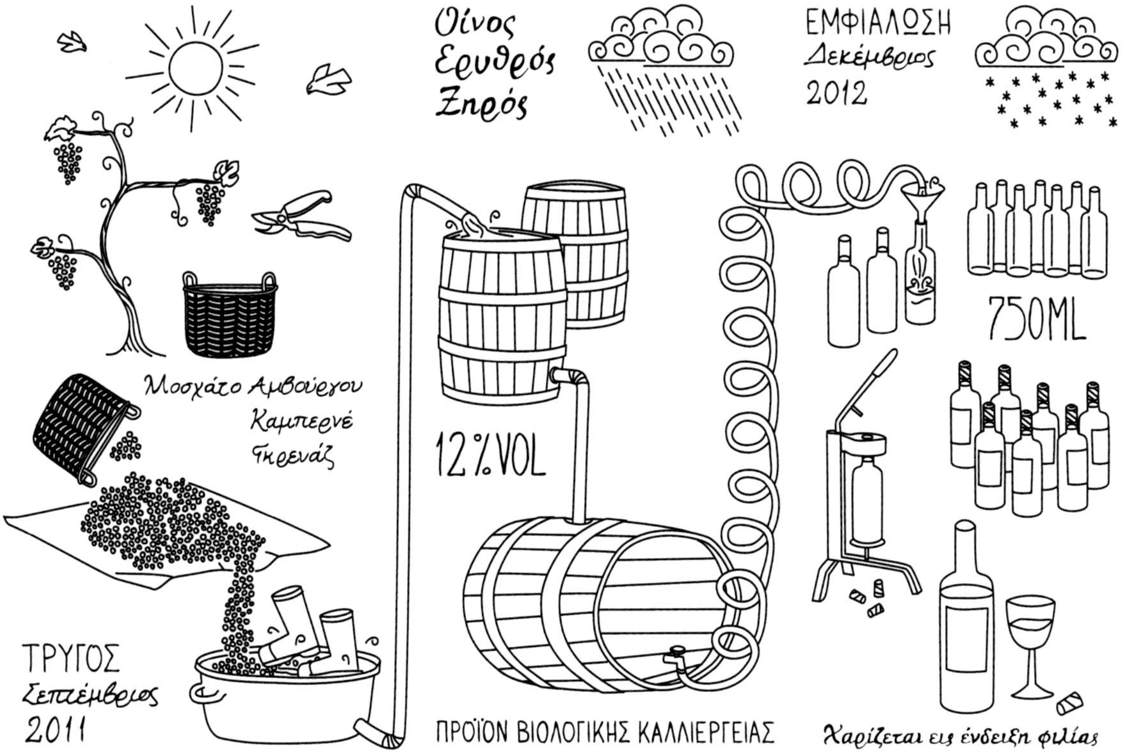

Οίνος
Ερυθρός
Ξηρός
ΕΜΦΙΑΛΩΣΗ
Δεκέμβριος
2012
750ML
Μοσχάτο Αμβούργου
Καμπερνέ
Γκρενάζ
12%VOL
ΤΡΥΓΟΣ
Σεπτέμβριος
2011
ΠΡΟΪΟΝ ΒΙΟΛΟΓΙΚΗΣ ΚΑΛΛΙΕΡΓΕΙΑΣ
Χαρίζεται εις ένδειξη φιλίας

Φιλυρέα γη
ΚΤΗΜΑ ΠΑΣΧΑΛΗΣ ΖΑΦΕΙΡΙΑΔΗΣ
Μοσχάτο Αμβούργου

Οίνος
Ερυθρός
Ξηρός
12%VOL
ΠΡΟΪΟΝ ΒΙΟΛΟΓΙΚΗΣ ΚΑΛΛΙΕΡΓΕΙΑΣ

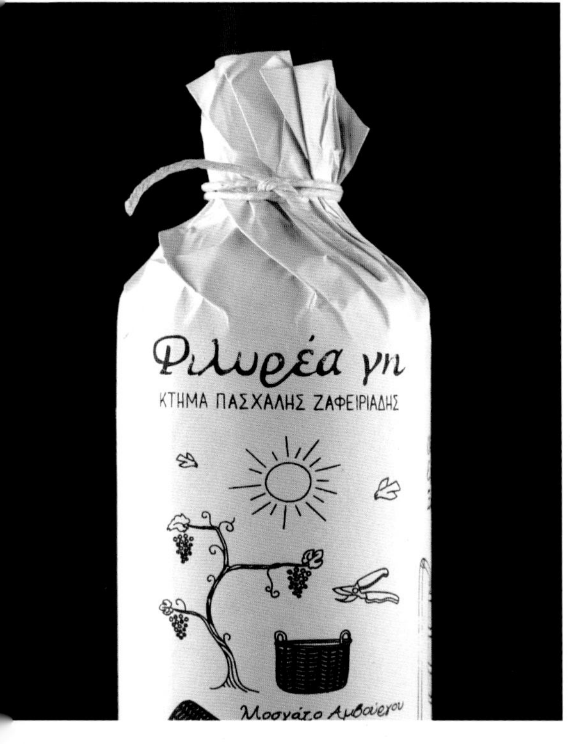

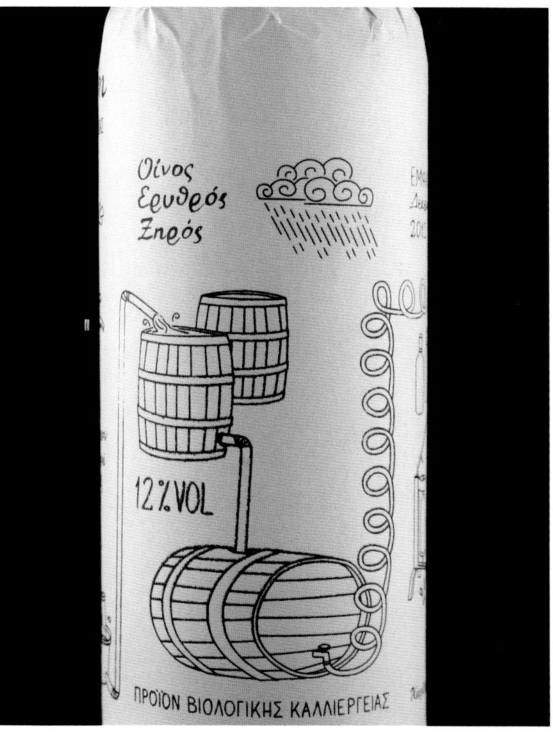

GARNACHA
CENTENARIA
D. O. Navarra
2010

莱新酒

你的礼物要像对待宝贝一样来呵护（除非它是一件你觉得可以随意丢弃的东对酒而言，也是如此。当酒十分美味时，我们往往会不舍得饮用它而将其小地存储起来；相反，酒不好喝时，我们很可能就会将其随意地放在餐桌上且想起去触碰它。我们为薄若莱新酒（Beaujolais Nouveau Wine）设计了两款：一个是针对那些感激薄若莱为其带来好心情的消费者所设计的，而另一个对那些饮用薄若莱却忘记薄若莱的消费者所设计的。此外，薄若莱新酒包装业信息是用两种语言来呈现的——英语和俄语。

设计师：玛丽亚·波诺马廖娃
国家：俄罗斯
设计机构：Depot WPF 设计公司
创意总监：阿列克谢·法捷耶夫
设计总监：阿列克谢·法捷耶夫
客户：薄若莱

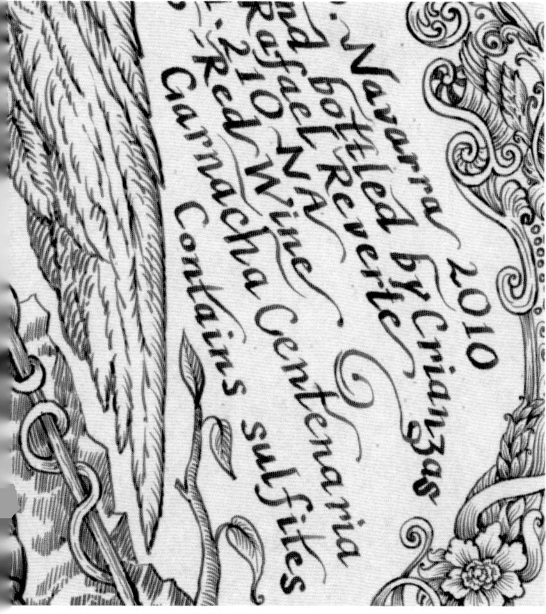

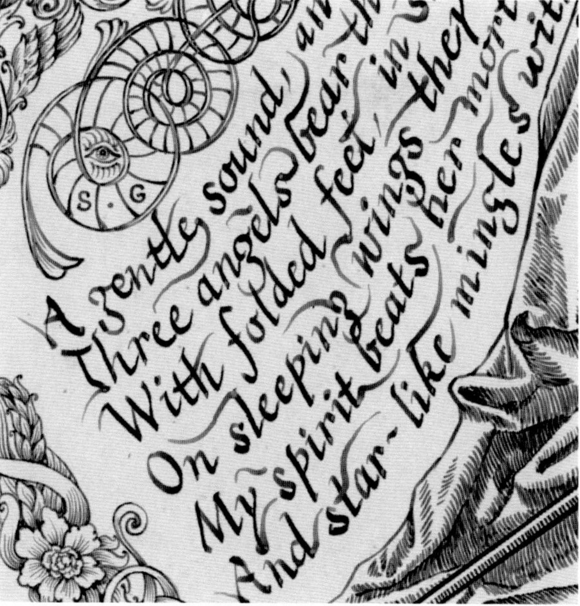

薄若莱新酒

设计师：玛丽亚 · 波诺马廖娃
国家：俄罗斯
设计机构：Depot WPF 设计公司
创意总监：阿列克谢 · 法捷耶夫
设计总监：阿列克谢 · 法捷耶夫
客户：薄若莱

立顿小松饼

如何为立顿品牌（Lipton）吸引更多的年轻消费者呢？答案很简单，那就是抛弃我们过去所采用的设计风格，去尝试一系列幽默风趣的手绘插画。

设计师：威拉·兹维列娃
国家：俄罗斯
设计机构：Depot WPF 设计公司
创意总监：阿列克谢·法捷耶夫
客户：联合利华

Myllyn Paras 1928

一个真正的品牌不但应该具有个性，还应当具有灵魂。在俄罗斯，Myllyn Paras 是一种十分昂贵且具有高品质的面粉，但它很难符合当地群众的消费能力和生活标准。Myllyn Paras 创始于 1928 年，是通过传统技术并利用环保型原材料所生产的一种生态型面粉，如图所示，该作品的设计理念并不是单纯以铅笔画素描的形式来表现的，而是伴随着俳句和诗句在自然图像中的节奏，微妙地与人类的生活情趣形成了一种统一的旋律；包装袋上所绘制的黑白画面，生动地展现了 20 世纪初的乡村景象，这种具有古典风格的铅笔画素描，也与外包装条形码的线性结构形成了一种强烈的视觉效果。总之，该作品旨在突出一个最为核心的思想——现代产品的宣传仍然不脱离传统设计的理念而特立独行。

设计师：玛丽亚·波诺马廖娃
国家：俄罗斯
设计机构：Depot WPF 设计公司
设计总监：亚历山大· 扎格罗斯基
客户：磨联公司

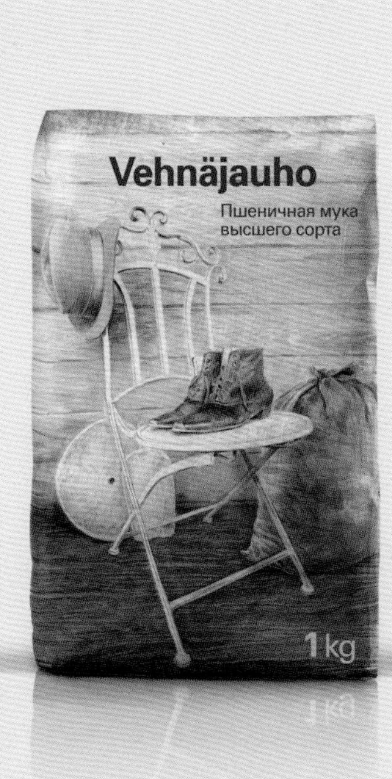

Vehnäjauho
Пшеничная мука высшего сорта
1kg
Ruisjauho
Ржаная мука высшего сорта
1kg
Tattarijauho
Гречневая мука высшего сорта
1kg

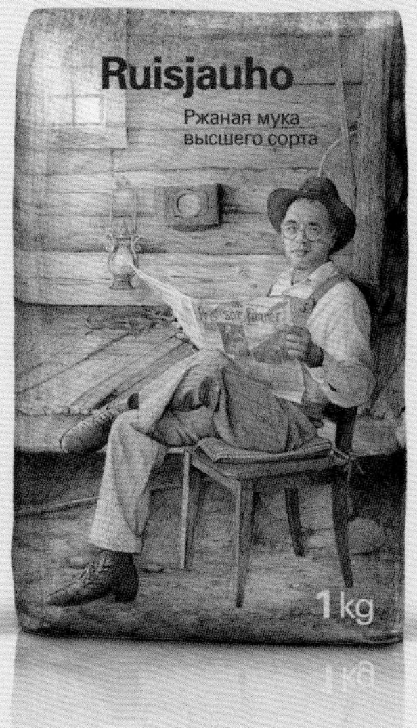

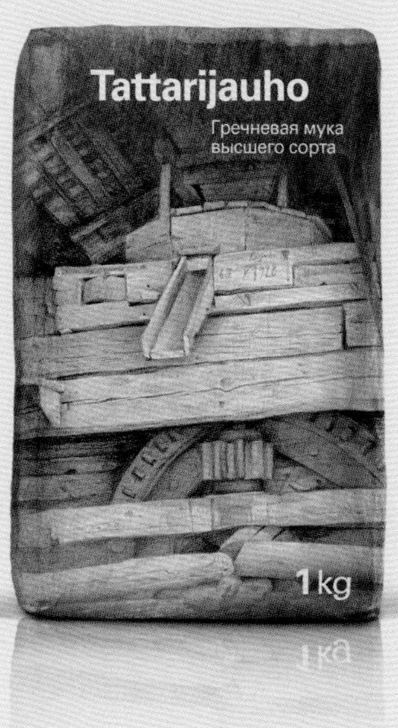

Ruisjauho
Ржаная мука высший сорт
1928

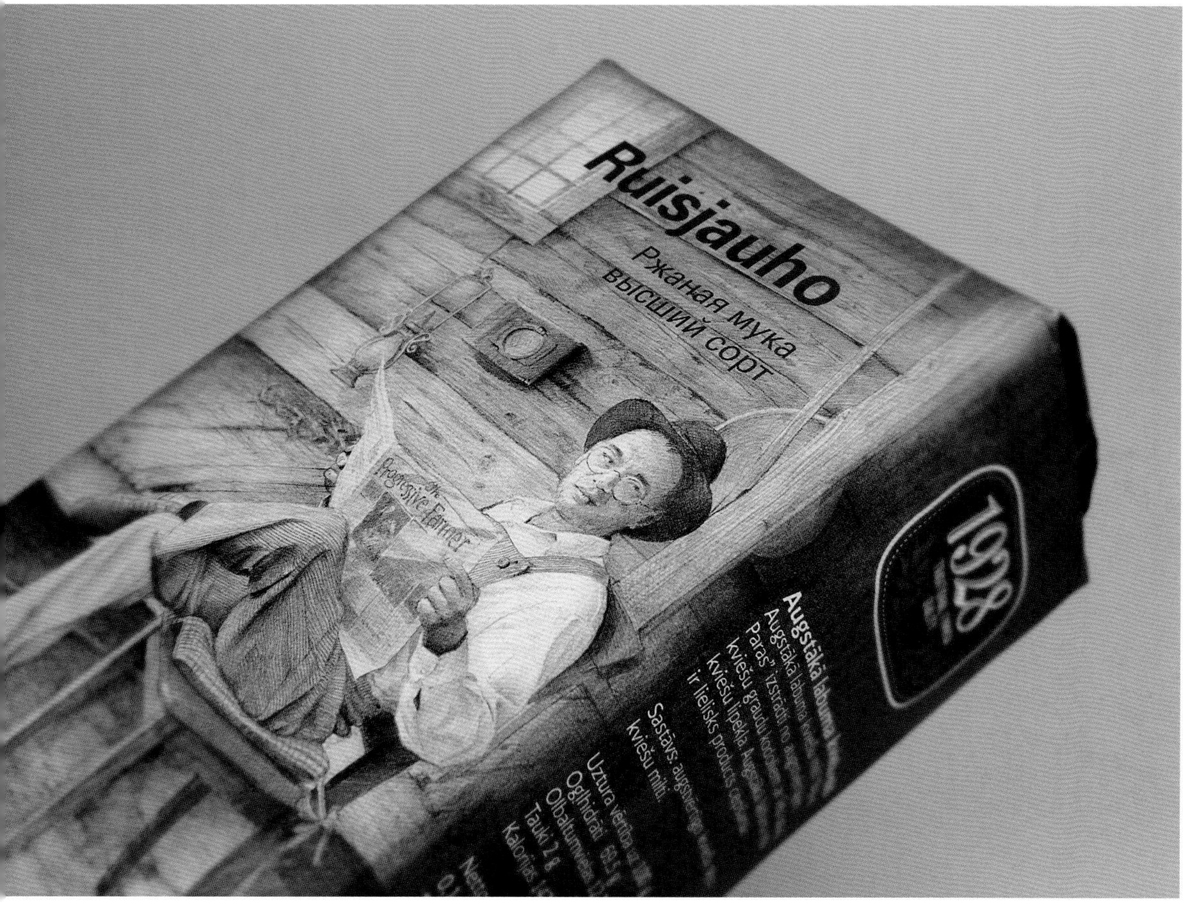

女王之茶

女王（Queensley）是一款专门为喜爱美食及独特口感的女性朋友打造的一个茶叶品牌，我们为其设计了新名字“女王”及具有艺术性的包装来吸引广大的女性消费者。

设计师：威拉·兹维列娃
国家：俄罗斯
设计机构：Depot WPF 设计公司
创意总监：阿列克谢·法捷耶夫
设计总监：阿列克谢·法捷耶夫
客户：瑞斯托（Riston）

QUEENSLEY
Finest Blend

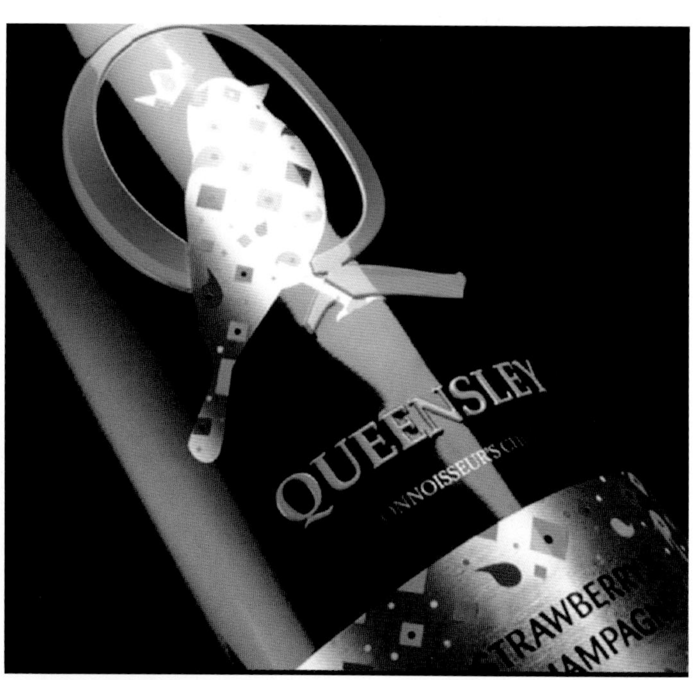
QUEENSLEY

QUEENSLEY

ually packed and sealed in
nated sachets to guarantee that
erves the fresh state in which it is
cked until the moment of drinking.
Kir Royal Fruit Infusion. Ingredients: hibiscus, rosehip, dry apple
bits, orange peels, elderberries, stevia, flavour: blackcurrant,
hampagne. Produced and packed by: UK Beverages (Pvt) Ltd.
8/6, Vihara Mawatha, Bellanvilla, Colombo, Sri Lanka, tel.:
11 457) 86 60, under license of trade mark owner W.M.N.
Business Systems (Pvt) Ltd. Keep in a cool, dry place.
156 010229

QUEENSLEY
CLEMENTINE AMOA
BLACK TEA
QUEENSLEY
Finest Blend

亨氏番茄酱限量版包装

这是亨氏食品公司(Heinz)通过传统技术及利用100% 的天然成分生产的一种特色番茄酱。“纯天然，无人工”（Grown, Not Made），是亨氏品牌的核心，而为了使这种番茄酱也能够更为强烈地突出这一理念，我们将其融入到了这款全新风格的包装设计之中。

牛皮纸和维多利亚式的排版能够充分地展现出自然与传统在结合之下所形成的一种文化风貌。

设计师：玛丽亚 · 波诺马廖娃
国家：俄罗斯
设计机构：Depot WPF 设计公司
创意总监：阿列克谢 · 法捷耶夫
客户：亨氏

iCorn 玉米零食

iCorn 是俄罗斯流行的一种咸味玉米零食品牌。

在推出一款新型产品时，任何制造商都会选择在包装上大做文章，而为了能够与其他产品区分开来，我们则选择了另外一条路来对 iCorn 进行设计。

零食通常是陪伴朋友之时经常消耗的食品，iCorn 玉米零食的品牌形象也随之走向了一条自我表达之路。从某种角度来看，iCorn 玉米粒的形态特征与金色牙齿的外观十分相似，而我们利用这样一种形象来对其进行刻画，就是为了以一种自我挑衅的姿态来彰显一个人的生活方式。或许您也知晓，约翰尼·德普（Johnny Depp）和蕾哈娜（Rihanna）在生活中就是以一口金色发光的牙齿来炫耀自己的财富的，而 iCorn 零食包装上的卡通形象，毫无疑问是在追随他们二人的步伐。

设计机构：Depot WPF 设计公司
国家：俄罗斯
创意总监：阿列克谢·法捷耶夫
设计总监：亚历山大· 扎格罗斯基
客户：iCorn 零食

高档（Vysoko-Vysoko）乳制品

“接手这个项目的时候，Depot WPF 设计公司注意到了一个问题，那就是目前俄罗斯商店中的所有牛奶，保鲜期都有所延长，因此大多数的俄罗斯消费者认为，在大型超市中，是不可能买到具有天然口味且不添加防腐剂的纯正牛奶的。”因此，为了突出 Vysoko-vysoko 的自然口味，Depot WPF 为该品牌打造了一款充满童趣色彩的情感包装。“我们在这款包装中所描绘的童话世界，是以童真的卡通少女作为主体形象的，而我们通过这种创作形式来对其进行设计，其目的就是提醒人们牛奶一直是我们童年的伙伴，并且始终都应当是一种具有真诚理念的产品。”Depot WPF 设计总监阿列克谢·法捷耶夫说道。阿列克谢·法捷耶夫所指导的这个包装设计，旨在让我们用童年的视角来看待世界，而这款包装上的水彩插画、图形和文字元素，也为该品牌赋予了浪漫柔和的色彩。

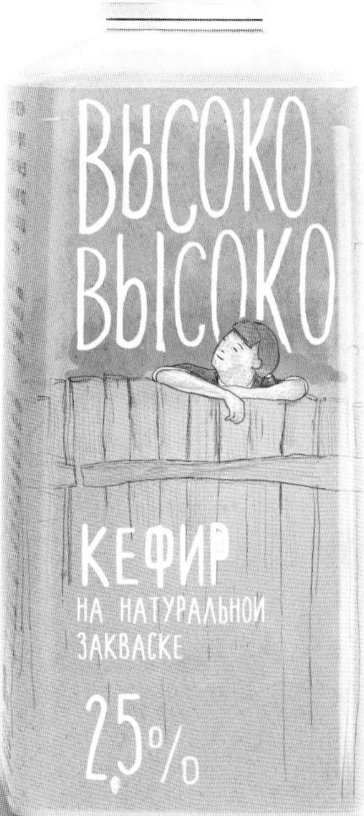

设计师：威拉·兹维列娃
国家：俄罗斯
设计机构：Depot WPF 设计公司
创意总监：阿列克谢·法捷耶夫
设计总监：阿列克谢·法捷耶夫
客户：Minskobl 乳品

ВЫСОКО™
ВЫСОКО

Дата изготовления
(число, месяц, год)
Годен до:
ВЫСОКО
ВЫСОКО
ВЫСОКО™
ВЫСОКО

ВЫСОКО
ВЫСОКО
СМЕТАНА
15%

ВЫСОКО
ВЫСОКО
МОЛОКО
ЦЕЛЬНОЕ
НАТУРАЛЬНОЕ
ОТБОРНОЕ
КЕФИР
1,5%

ВЫСОКО
ВЫСОКО
РЯЖЕНКА
ВЫСОКО
ВЫСОКО
СМЕТАНА
20%
ВЫСОКО
ВЫСОКО
КЕФИ
НА НАТУРАЛЬ
ЗАКВАСКЕ

高档（Vysoko–Vysoko）乳制品

设计师：威拉·兹维列娃

think
green

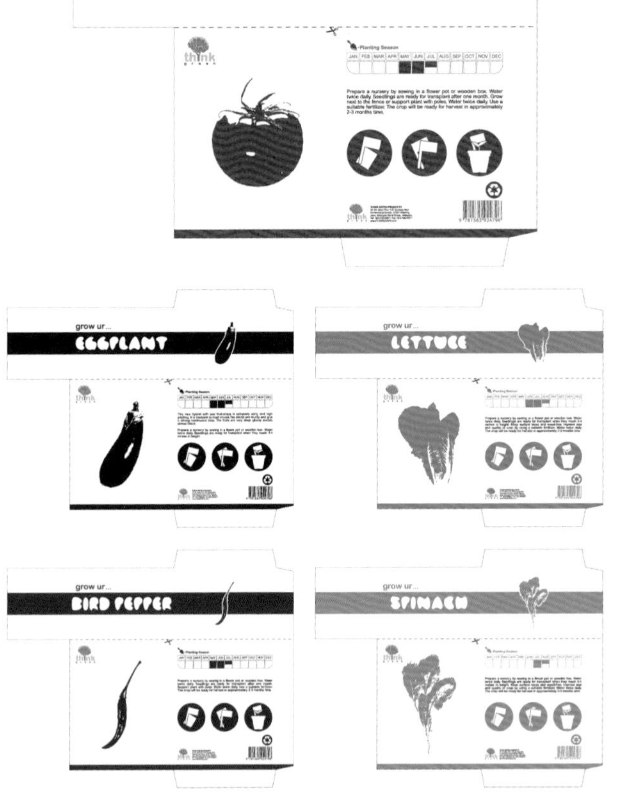
grow ur...
TOMATO
Planting Season
JAN FEB MAR APR MAY JUN JUL AUG SEP OCT NOV DEC
Prepare a nursery by sowing in a flower pot or wooden box. Water twice daily. Seedlings are ready for transplant after one month. Grow next to the fence or support plant with poles. Water twice daily. Use a suitable fertilizer. The crop will be ready for harvest in approximately 2-3 months time.
grow ur...
EGGPLANT
grow ur...
LETTUCE
grow ur...
BIRD PEPPER
grow ur...
SPINACH

x5
x5
think
green
YOUR LITTLE POT
YOUR LITTLE POT
Offer exceptional functionality, durability and strength.
For the highest level of commercial and nursery growing requirement.
Holes positioning designed base on air movement direction.
Three level drainage and ventilation leveling for a secure fast drainage and air feed.

VEGETABLE
COMPOST
THINK GREEN PRODUCTS

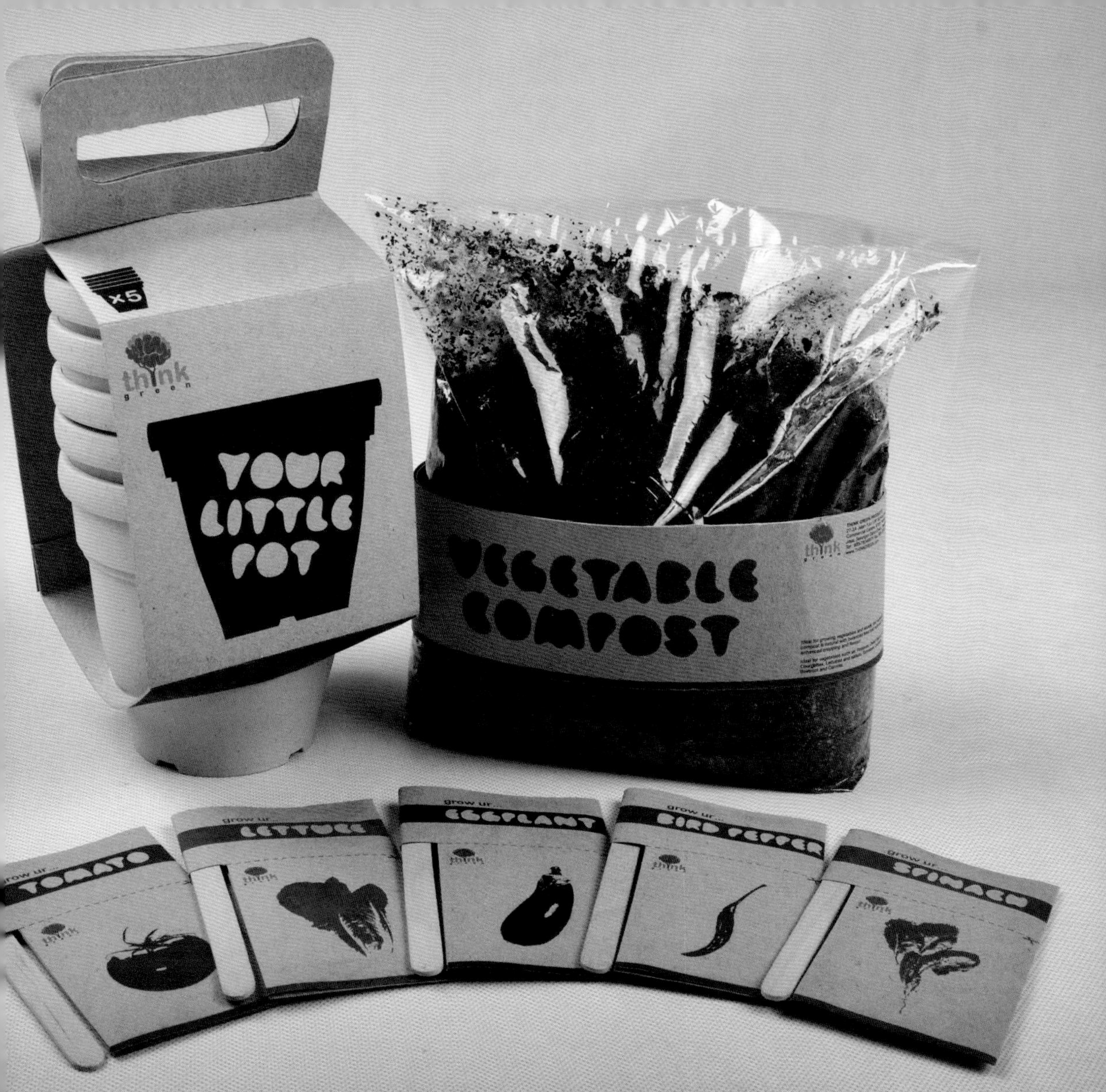

绿色意识：落地生根

绿色意识（Think Green）是一款能够帮助消费者种植花卉蔬菜的生态产品，而我为其打造的这款可持续性包装，其目的就是鼓励人们通过自己的双手来栽培自己所心爱的植物。正如您所看到的，该产品的品牌标识，采用大脑与绿树相结合的同构方式来塑造，这种表现形式能够生动地体现出“绿色意识”所传达的一种核心理念。
该产品系列主要是由种子、土壤和花盆三种产品组成，针对种子的包装，我在上面附加了一个小型木棒，作为人们播种过程中的标签。

设计师：康伊桑
国家：马来西亚
创意总监：康伊桑
设计总监：康伊桑
客户：绿色意识

绿色意识：落地生根

设计师：康伊桑

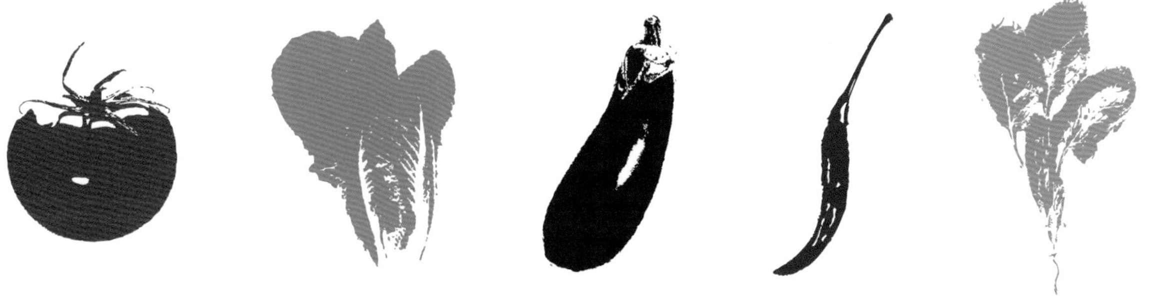

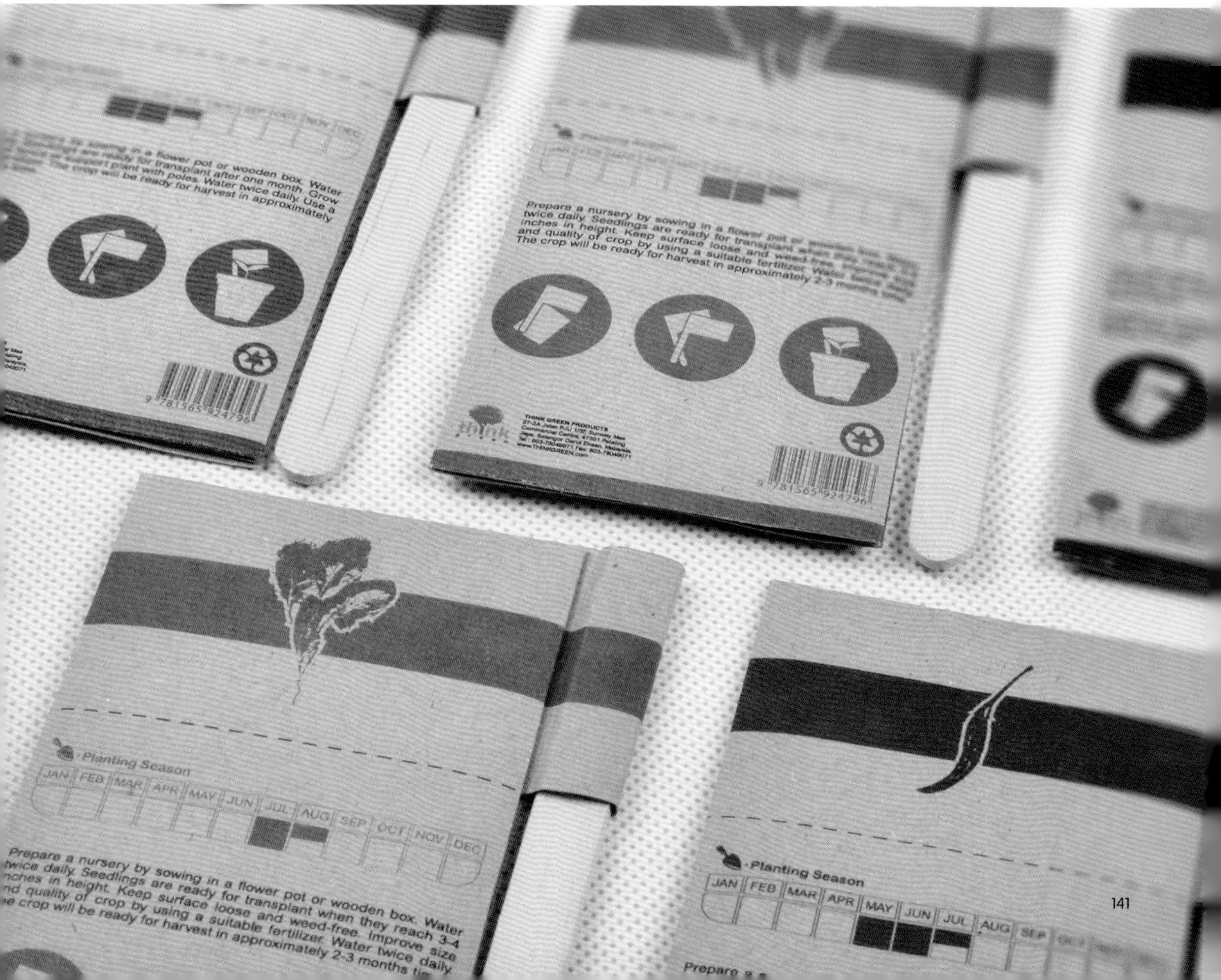

THANKS FOR BUYING ME!
MEATSHOP
MEATSHOP
MEATSHOP
MEATSHOP

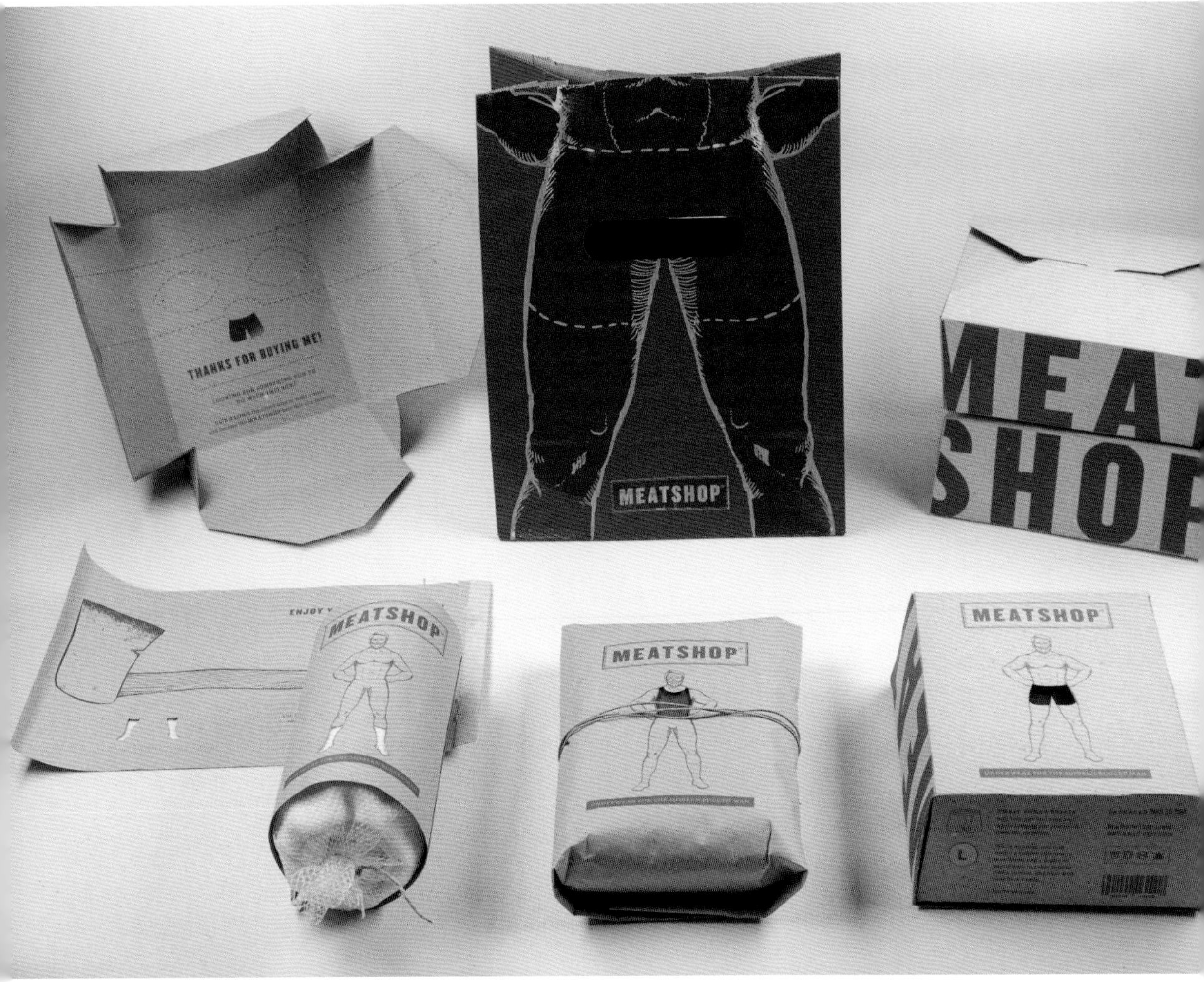

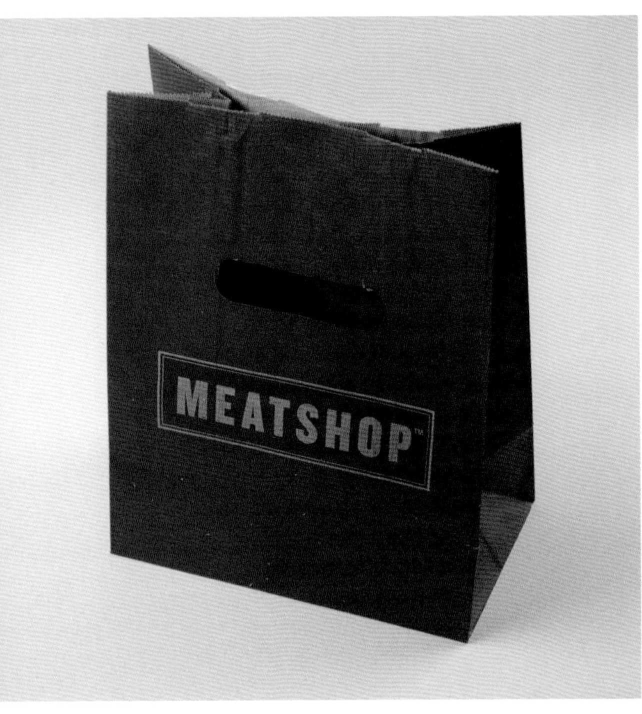

MEATSHOP

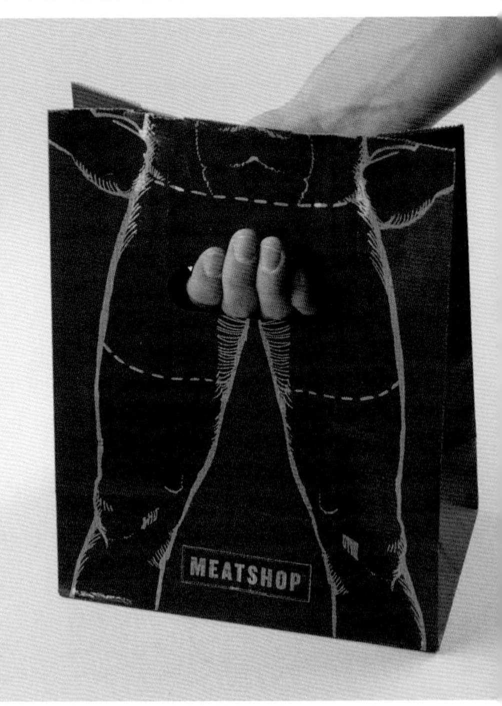

MEATSHOP

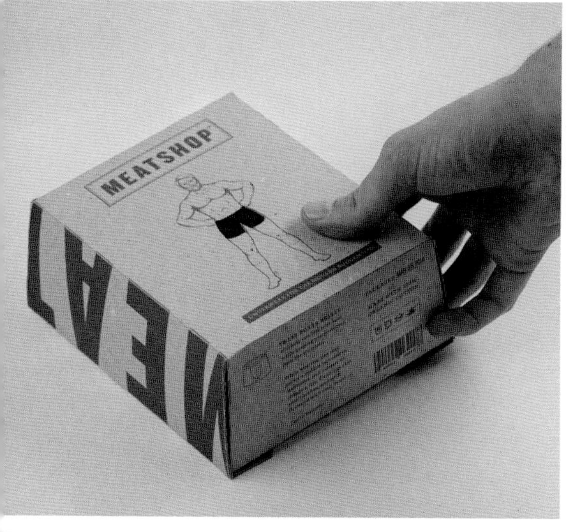

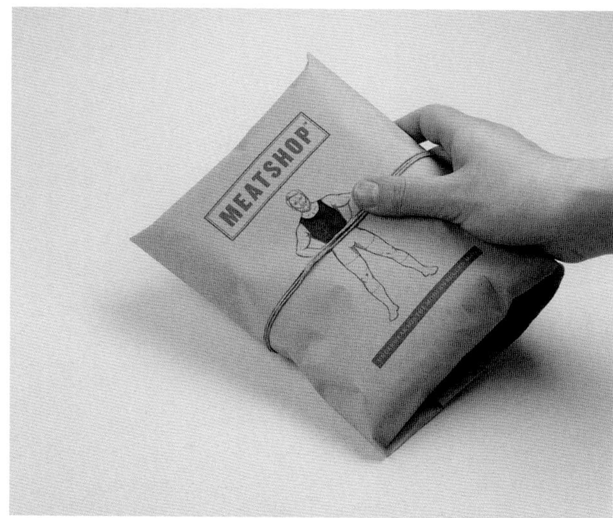

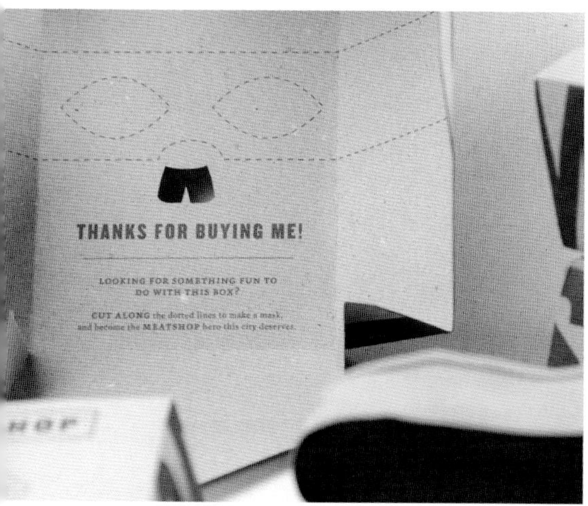

肉店

这是基于肉食店的概念打造的一款男装包装设计——衬衫、袜子和内衣都是采用多重箱板和牛皮纸来进行包装的。如图所示，每一个产品的包装外都附有一个简短的说明，包装内的文字是使用说明。实际上，这款产品的包装就好比将一个纸飞机伪装成超级英雄一样。

设计师：凯尔・马修斯
国家：加拿大
创意总监：凯尔・马修斯
摄影师：凯尔・马修斯

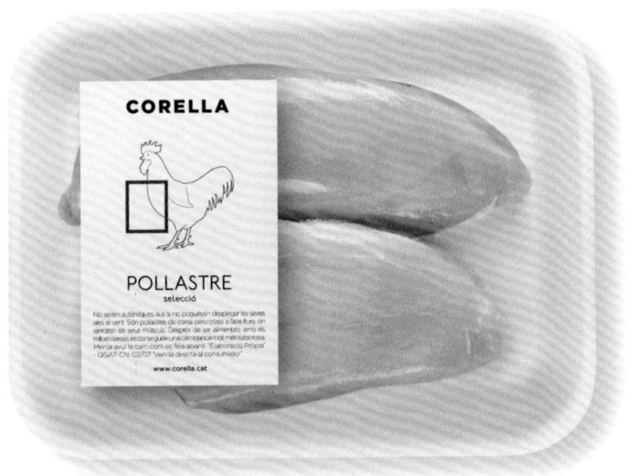

科雷拉

对科雷拉（原名“Corella”，即西班牙圣库加特的一家肉食售卖店）而言，为自己打造一款特色的品牌包装是一件非常困难的事情，但为了使其能够更为顺畅地在现行的市场模式下发展，环境艺术家桑德拉·塔鲁艾拉（Sandra Tarruella）将装饰方面的设计原理充分运用在了该品牌的塑造之中。该作品的设计目标是向客户展现其经常购买的肉类食品，而为了以一种更为突显鲜肉的艺术形式来表现该产品的加工质量，我们则以红线方框的形式加以突出，即“我们以红线方框标注动物身体部位来解释肉品的来源”。如图所示，红色方框与动物插图的组合，形象地突出了该产品的种类；对于精选肉，则用金线来标识。此外，针对儿童，我们还设计了一款动物折纸式的趣味图案。

设计师：艾伯特·马丁内斯、马克·纳瓦罗
国家：西班牙
设计机构：FAUNA 工作室
创意总监：艾伯特·马丁内斯、马克·纳瓦罗
设计总监：艾伯特·马丁内斯、马克·纳瓦罗
客户：科雷拉
摄影师：泽维尔·冈萨雷斯

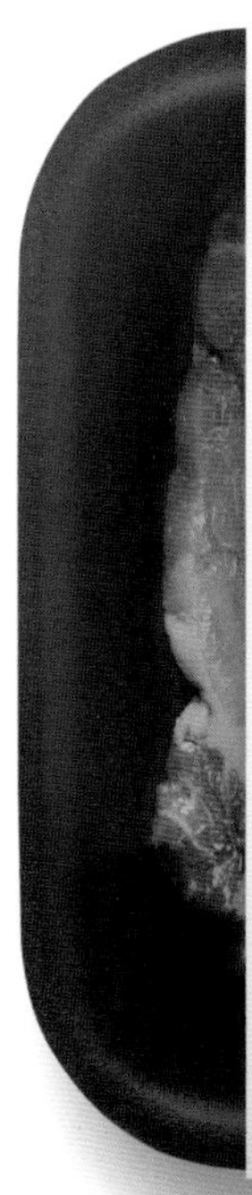

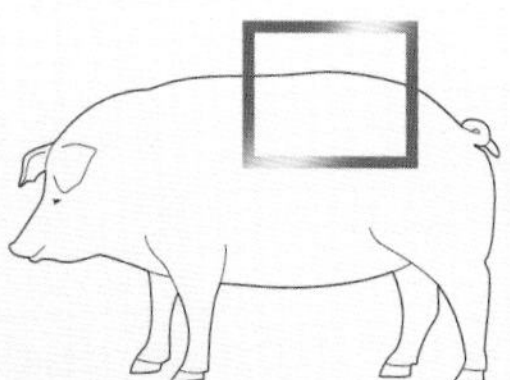

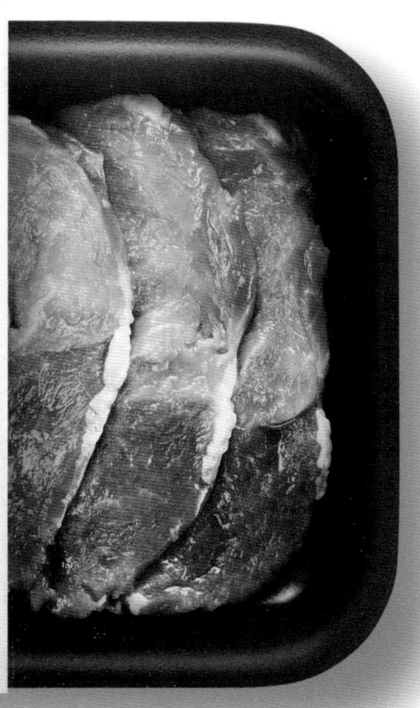

CORELLA
PORC
ibèric
Els millors exemplars mereixen les millors cures. Els nostres porcs tenen una qualitat extra, s'alimenten amb glans i pinsos naturals. Per evitar que s'estressin, es crien a l'aire lliure i això fa que la carn sigui una delícia. Menja, avui, la carn com es feia abans.. "Elaboració Pròpia" - QGAT-CN-02/07 "Venda directa al consumidor".
www.corella.cat

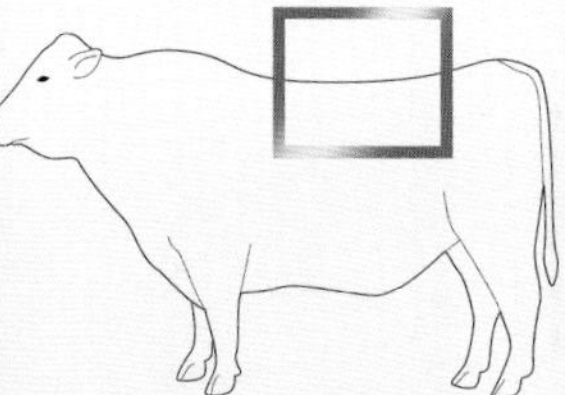

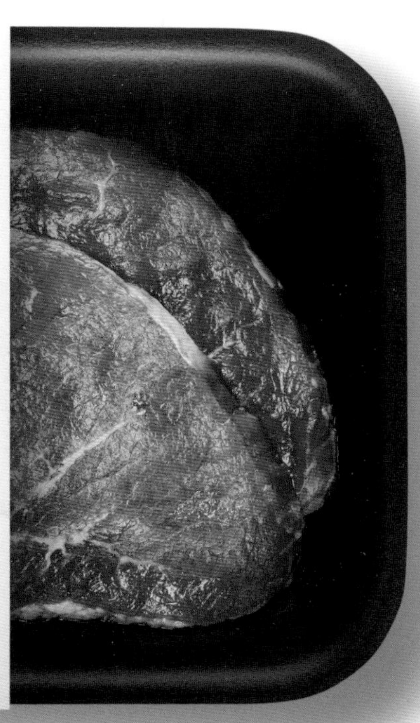

CORELLA
NEBRASKA
selecció
Les nostres vedelles Nebraska estan criades amb molta tendresa. S'alimenten sis mesos amb lactància materna i, posteriorment, a base de cereals tradicionals. Això farà que la seva carn sigui la més tendra i melosa que hagis tastat. Menja, avui, la carn com es feia abans. "Elaboració Pròpia" - QGAT-CN-02/07 "Venda directa al consumidor".
www.corella.cat

PANACHE
RESERVA

PELOTON
CRIANZA

帕韦葡萄酒

帕韦（Páve）是巴塞罗那附近的一家自行车销售店，该商家为了宣传自己的自行车文化，推出了一款专属的甘甜葡萄酒。帕韦葡萄酒主要分为两款包装——赛车队（Peloton）包装和单风头（Panache）包装。该作品的设计理念是将一场比赛的情况进行趣味性地刻画。一般来说，“赛车队”通常是主战队，而他们在比赛过程中的行为表现，就是为了赶上领先的那位既强壮又孤僻的“单风头”赛手。“赛车队”版帕韦葡萄酒，是一款专为与朋友相聚之时所打造的品牌包装设计，而“单风头”版帕韦葡萄酒，则是针对个人在自我空间中享受之时所打造的。为了绘制出精致的插画，我们与里卡尔多·瓜斯科（Riccardo Guasco）进行了合作，因为他所绘制的插画不但能使葡萄酒的外观形象看起来既生动又有趣，还能在无形中为人们营造出既优雅又动人的浪漫情趣。

设计师：艾伯特·马丁内斯、马克·纳瓦罗
国家：西班牙
设计机构：FAUNA 工作室
创意总监：艾伯特·马丁内斯、马克·纳瓦罗
设计总监：艾伯特·马丁内斯、马克·纳瓦罗
客户：帕韦自行车
摄影师：里卡尔多·瓜斯科

基瓦食品包装 // 学生作品

声明：该作品是北得克萨斯大学的学生作业，基瓦食品有限公司并未使用。基瓦（Kiva）是位于美国旧金山的一家美食面包房，其烘培的产品主要是高质量的巧克力、
和布朗尼蛋糕。包装上苍翠繁茂且深沉典雅的深棕色调，也在某种程度上突出了这款人工巧克力的精巧性和丰富性。如图所示，古典与现代衬线字体的结合、包装盒
的边缘细节形成了一种优势互补的结构，雕刻在包装盒内外的叶芽，伴随着 20 世纪 20 年代的装饰风格突出了一种现代与复古混搭的视觉效果。

设计师：加勒特·史坦德
国家：美国
指导教师：凯伦·多尔夫教授
客户：基瓦
摄影：加勒特·史坦德
学校：北得克萨斯大学

KIVA
DARK CHOCOLATE
PEANUT BUTTER
COOKIES
MEDICAL CANNABIS
KIVA
DARK CHOCOLATE CHIP
COOKIES
MEDICAL CANNABIS
KIVA™
KIVA
DARK CHOCOLATE FUDGE
BROWNIES

THE KIVA MISSION

Kiva™ chocolates are crafted from only the highest quality all natural ingredients and that make your mouth water and your tastebuds sing. Our exotic, and not so exotic, flavours are carefully selected and paired skillfully with California grown cannabis to give you a unique and oh so delicious cannabis confection.

Our goal is to create a line of gourmet edible treats that redefines what a cannabis confection ought to be, Lab-testing every batch to ensure consistent THC potency. You can rest assured that the delicious confection will do the job and taste wonderful too.

Nutrition Facts
Serving Size (1 cookie)
Serving Per Container 4

Amount Per Serving	
Calories 250	Calories from Fat 110
	% Daily Values*
Total Fat 12g	18%
Saturated Fat 6g	30%
Trans Fat 0g	
Cholesterol 15mg	5%
Sodium 230mg	10%
Total Carbohydrate 34g	11%
Dietary Fiber 1g	4%
Sugars 19g	
Protein 2g	4%

Percent Daily Values are based on a 2,000 calorie diet. Your Daily Values may be higher or lower depending on your calorie needs.

	Calories	2,000	2,500
Total Fat	Less than	65g	80g
Sat Fat	Less than	20g	25g
Cholesterol	Less than	300mg	300mg
Sodium	Less than	2400mg	2400mg
Total Carbohydrate		300g	375g
Dietary Fiber		25g	30g

INGREDIENTS Cannabis (marijuana)[1], peanut butter, cocoa beans[2], raw cane sugar, cocoa butter [2]Cocoa 65% minimum [1]Contains active THC cannabinoids • THIS PRODUCT IS Soy Free · Gluten Free · No GMO · All Natural · THC active • MEDICINAL PURPOSES Chronic pain, migraines, severe nausea, anxiety, insomnia, arthritis, persistent muscle spasms, anorexia, cachexia, cancer, glaucoma, AIDS, multiple sclerosis, seizures, other chronic ailments. • WARNING This product contains Cannabis and has active cannabinoids that can cause psychological and physiological effects. • DISTRIBUTED BY Kiva Confections, San Francisco, CA 94107

COCOA 65 PERCENT MINIMUM

THC 45 MG PER COOKIE

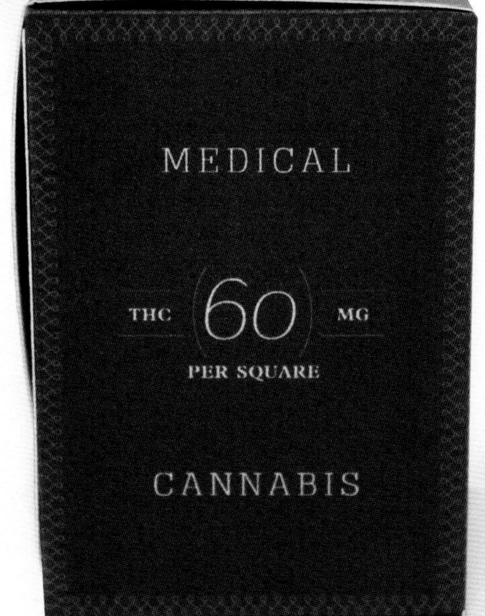

基瓦食品包装 // 学生作品

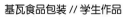

设计师：加勒特・史坦德

O BLEND
Imersão
• ENTUSIASTA •
ENGLISH BREAKFAST
PESO LÍQUIDO 40g
20 SACHÊS COM FOLHAS INTEIRAS DE CHÁ
Imersão
• SERENA •
CAMOMILA, JASMIM E LAVANDA
PESO LÍQUIDO 40g
20 SACHÊS COM FOLHAS INTEIRAS DE CHÁ
AROMÁTICO E RELAXANTE,
O BLEND
SACHÊS EM FORMATO DIFERENCIADO
O formato estruturado e alongado do sachê preserva as flores inteiras e garante espaço para que possam se expandir durante a infusão, o que produz uma bebida com mais sabor e qualidade.

Imersão
Imersão

Imersão 茶叶包装

如今，茶叶在巴西已经有了十分广阔的市场空间，越来越多的人开始相信茶叶不仅值得饮用，而且值得收藏。茶叶是一种包含记忆、口味、香味及色彩等的感官性产品，正是由于它的这种属性，才使得我们开始致力于研究如何将情感因素应用到包装设计之中。该茶叶主要分为白天版（主要用于英式早餐）和夜间版（分为菊花茶、茉莉花茶和薰衣草茶）两种包装款式，分别以卡通肖像（公鸡和猫头鹰）来塑造。一般来说，通过浸泡散装茶叶来表现茶文化的特点，是我们传统观念下普遍公认的，尽管如此，现代消费者出于便利的因素，倾向于选择茶包。因此，采用这种结构来包装茶叶不仅能够满足消费者的心理诉求，还可以在某种程度上有助于茶叶散发出它所具有的味道与芳香。

设计师：玛莉安・西尔韦斯特、约翰娜・莱斯克
国家：巴西

Imersão 茶叶包装

设计师：玛莉安·西尔韦斯特、约翰娜·莱斯克

Imersão
Imersão
SERENA
CAMOMILA, JASMIM E LAVANDA
PESO LÍQUIDO 40g
20 SACHÊS COM FOLHAS INTEIRAS DE CHÁ
Imersão

NON
TOXIC
REVOLUTION
AUGUST 7, 2013
Start A Non Toxic Revolution Campus Club At Your School!
5 Small Ways To Avoid BPA And Get It Out Of Your Life
Do Bad Unhealthy

NON
TOXIC
REVOLUTION

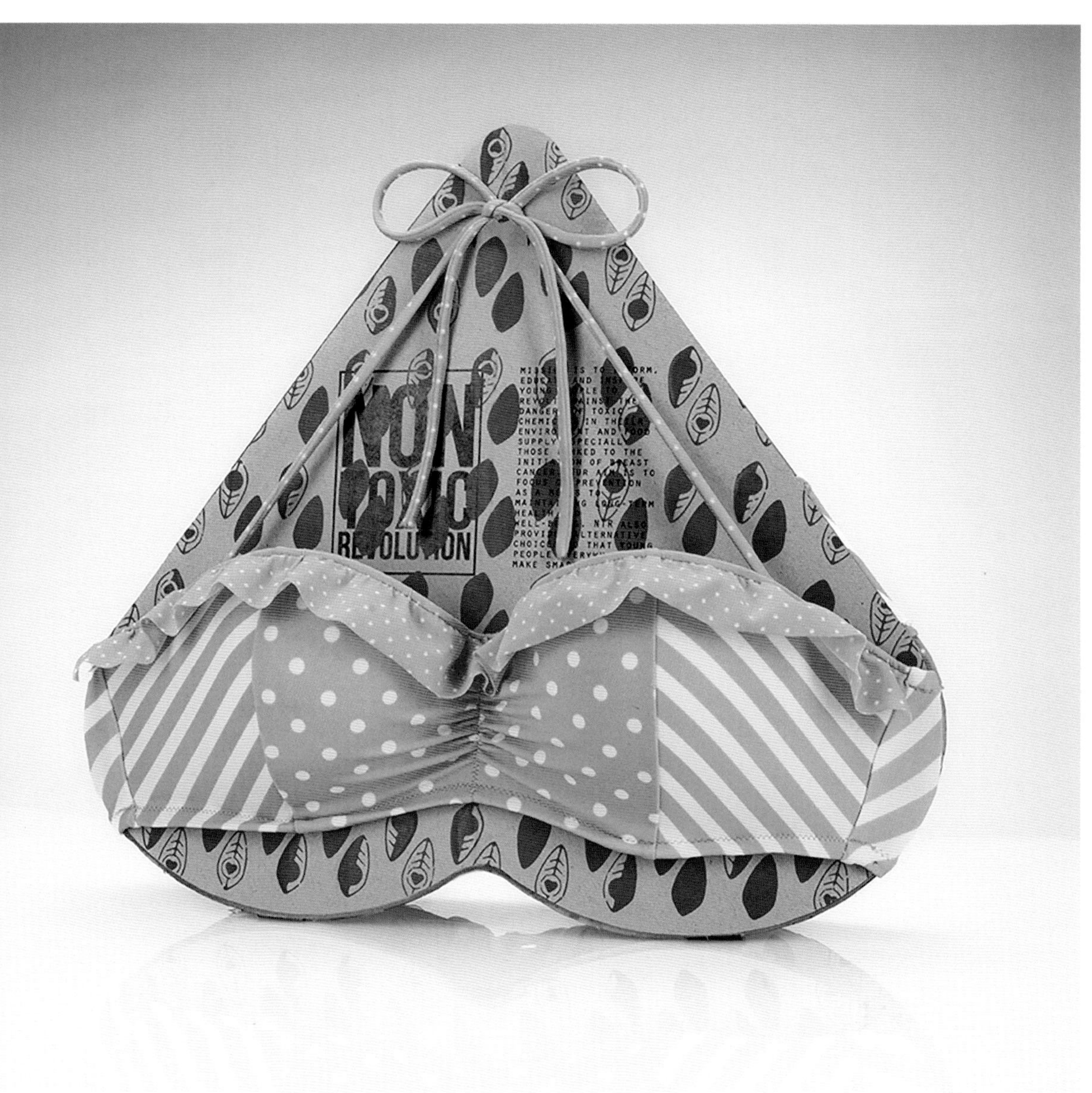

保护乳房基金会无毒革命促销包装

这是美国萨凡纳艺术设计学院产品设计系学生制作的一款趣味包装。如图所示，该作品的设计理念，是通过保护乳房基金会（Keep A Breast Foundation）的心形标识所生动体现的，而它的立体造型，则好似穿着游泳衣。此外，这款包装既可以立放在桌面上作为摆件，也可以悬挂在墙面上作为展示品，而为了使该作品的视觉效果更为丰富，作者从 NTR 品牌网站得到灵感，为包装添加了一系列古怪有趣的图案、文字和二维码。

设计师：杰西·史密斯·沃尔特斯
国家：美国
设计机构：萨凡纳艺术设计学院
创意总监：杰西·史密斯·沃尔特斯
设计总监：杰西·史密斯·沃尔特斯
客户：学生作品
摄影师：里卡尔多·瓜斯科

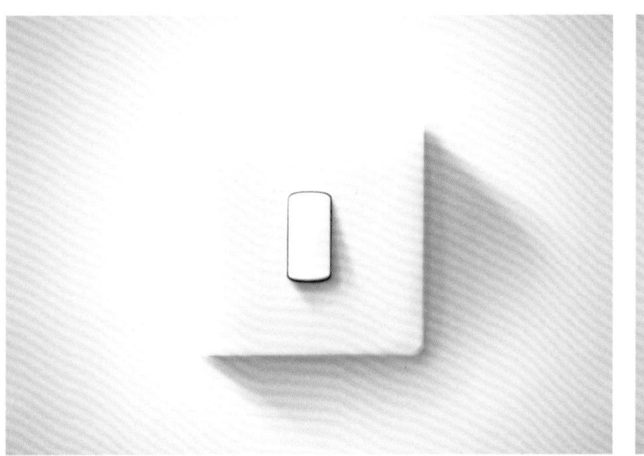

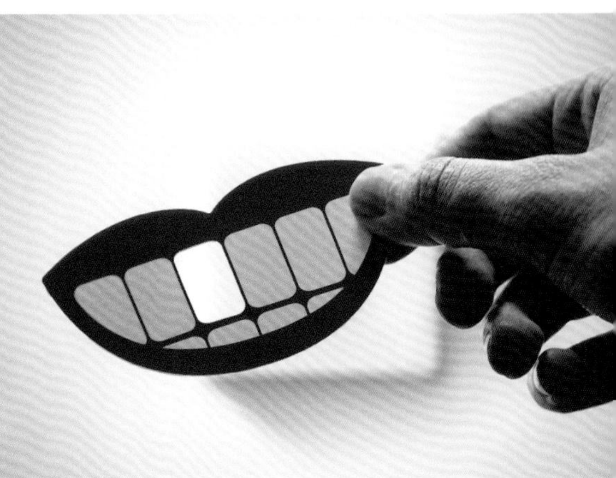

牙科预诊提示卡

很多人讨厌去看牙医，也经常会因为提前预约的事情而感到烦躁。为了减少病人的焦躁心情，我设计了一款趣味性的牙科预诊提示卡。如图所示，卡片正面是以简单的图形来展现甜蜜笑容的，而微笑中的一颗牙齿，则是以模切窗口的形式来设计的；卡片背面的设计元素，主要是以品牌标识作为视觉主体，而页面上所空出的预约细节和活动贴纸，能够使该提示卡牢固地粘贴在电灯的开关盒上。我选择照明开关，是因为它是人们日常生活中每天都会触碰到的物体。

设计师：哈尼・杜瓦基
国家：英国
设计机构：哈尼・杜瓦基
创意总监：哈尼・杜瓦基
设计总监：哈尼・杜瓦基
客户：牙科诊所
摄影师：哈尼・杜瓦基

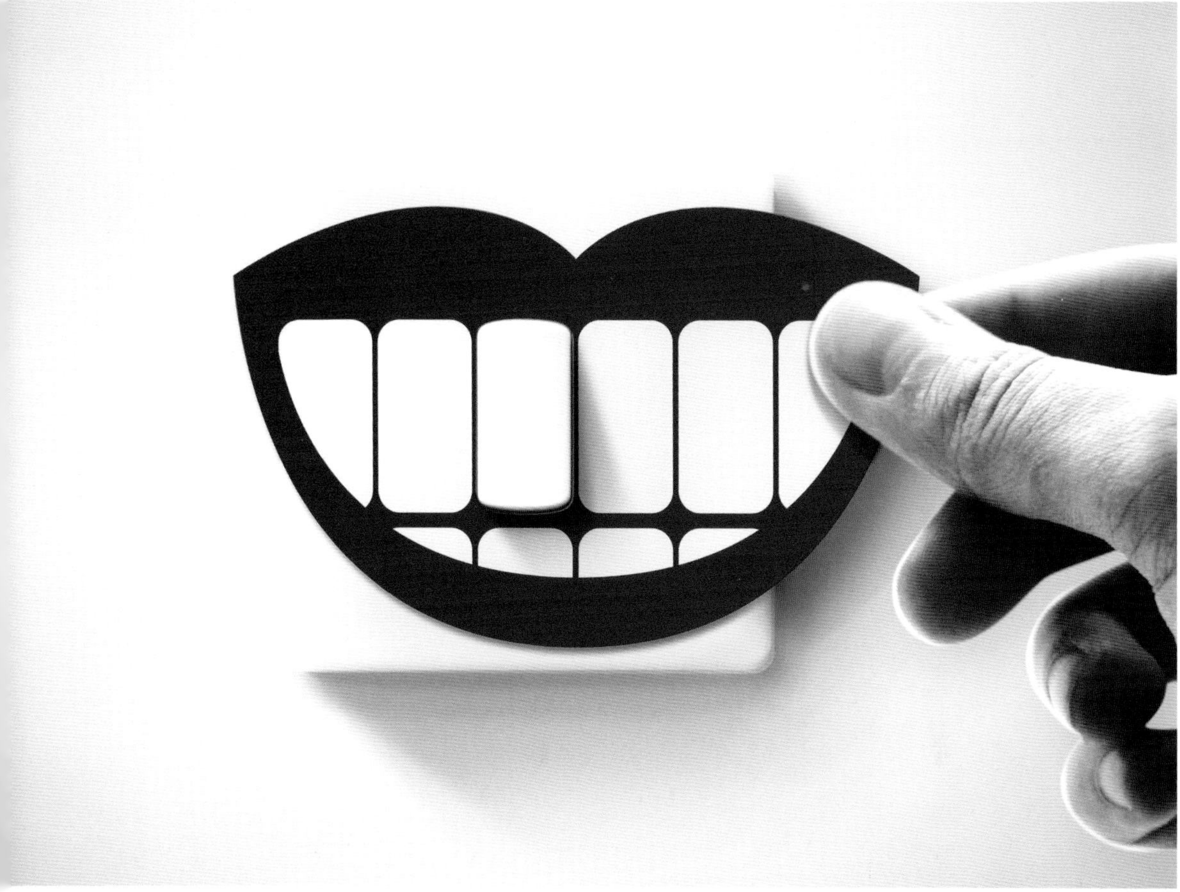

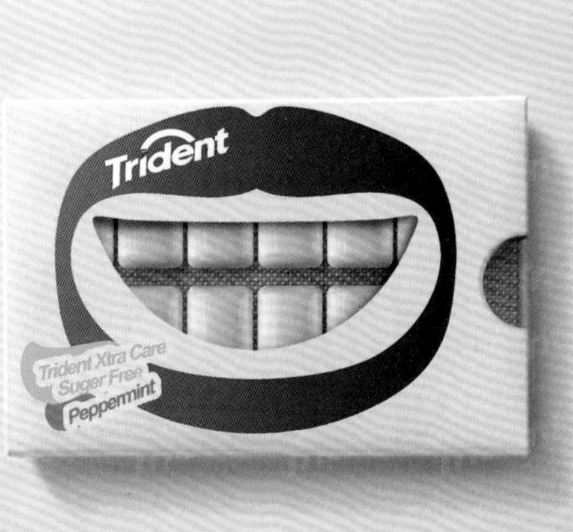
Trident
Trident Xtra Care
Suger Free
Peppermint

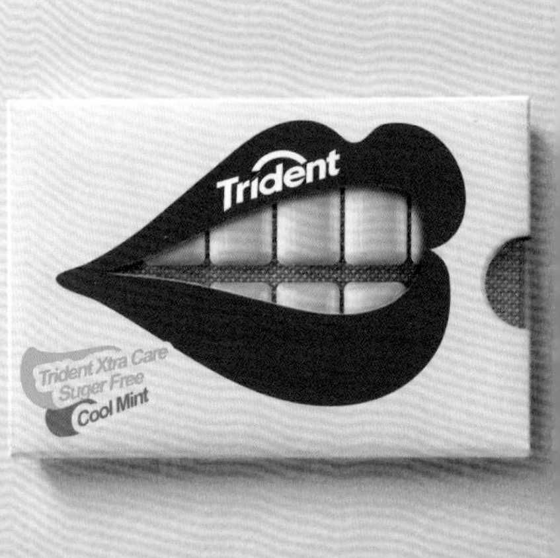
Trident
Trident Xtra Care
Suger Free
Cool Mint

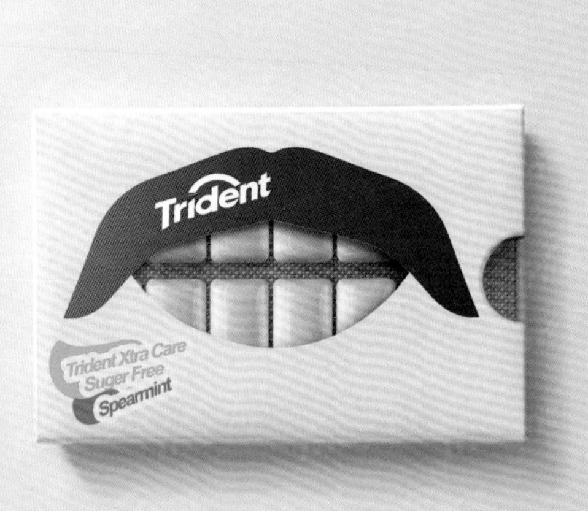
Trident
Trident Xtra Care
Suger Free
Spearmint

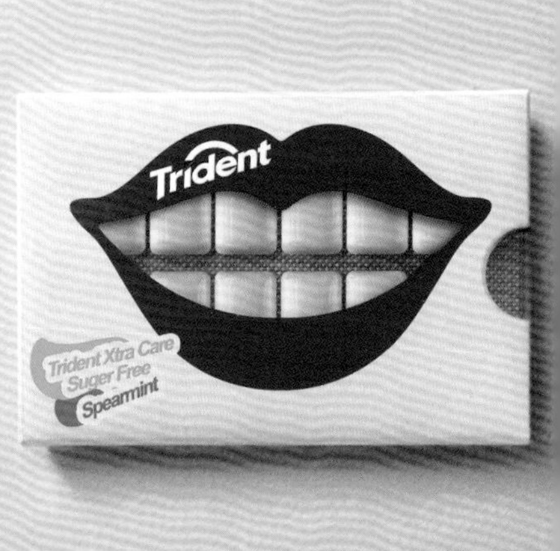
Trident
Trident Xtra Care
Suger Free
Spearmint

Trident
Trident Xtra Care
Suger Free
Cool Mint

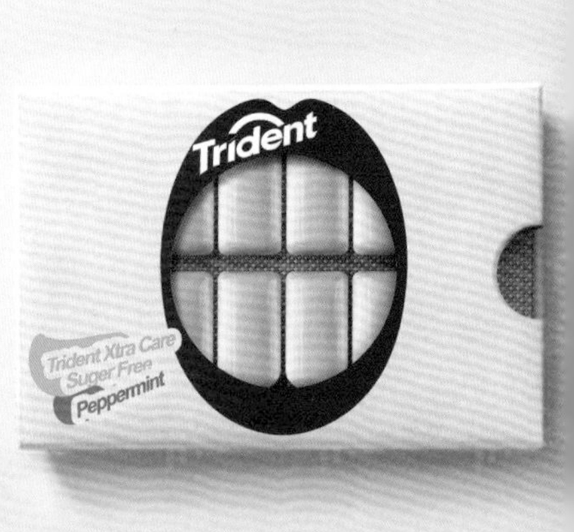
Trident
Trident Xtra Care
Suger Free
Peppermint

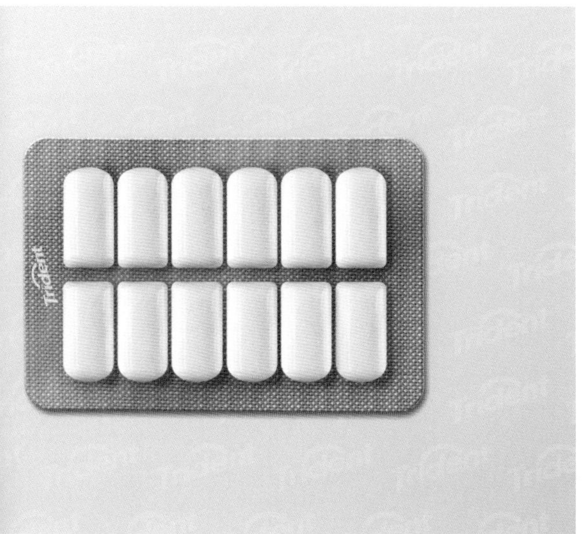

Trident 口香糖

Trident 是一款无糖口香糖，不仅能够在饭后有助于保护你的牙齿和牙龈，还可以为你打造一口洁白亮丽的甜蜜笑容。鉴于该产品的这种功效，我为其设计了一款趣味生动的交互式包装来烘托它“保护牙齿”的品牌形象。

如图所示，六款包装代表着三种口味，并且每一对包装都是采用两种形象来作为视觉主体的，即女性唇膏和男性胡须；从包装盒外部的模切窗口来看，咀嚼版口香糖在盒内就如同一口亮白洁净的牙齿，而吹泡版口香糖的外观设计，则是意在突显牙龈在该产品功能下所呈现的一种健康状态。

总之，在该设计的理念引导下，消费者完全可以以一种简单有趣的方式来与新包装形成互动，并时常想起咀嚼这款产品进而保护自己的牙齿健康。

设计师：哈尼 · 杜瓦基
国家：英国
设计机构：哈尼 · 杜瓦基
创意总监：哈尼 · 杜瓦基
设计总监：哈尼 · 杜瓦基
客户：Trident 口香糖
摄影师：哈尼 · 杜瓦基

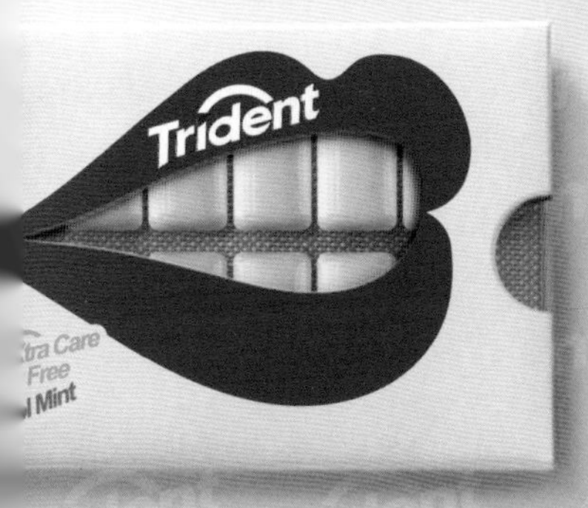

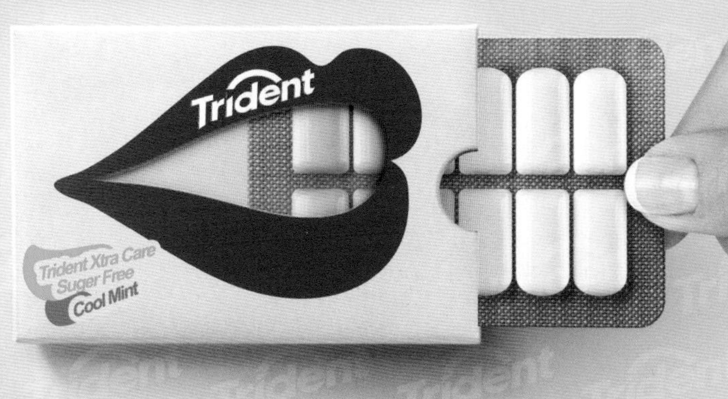

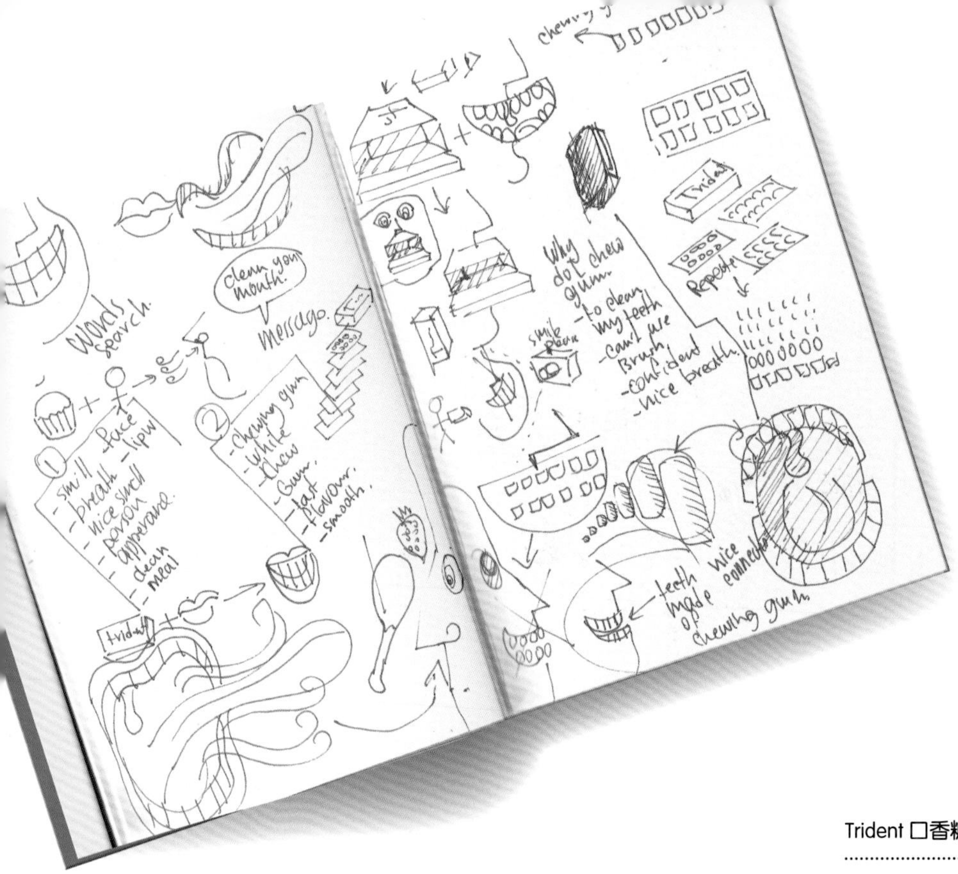

Trident 口香糖

设计师：哈尼·杜瓦基

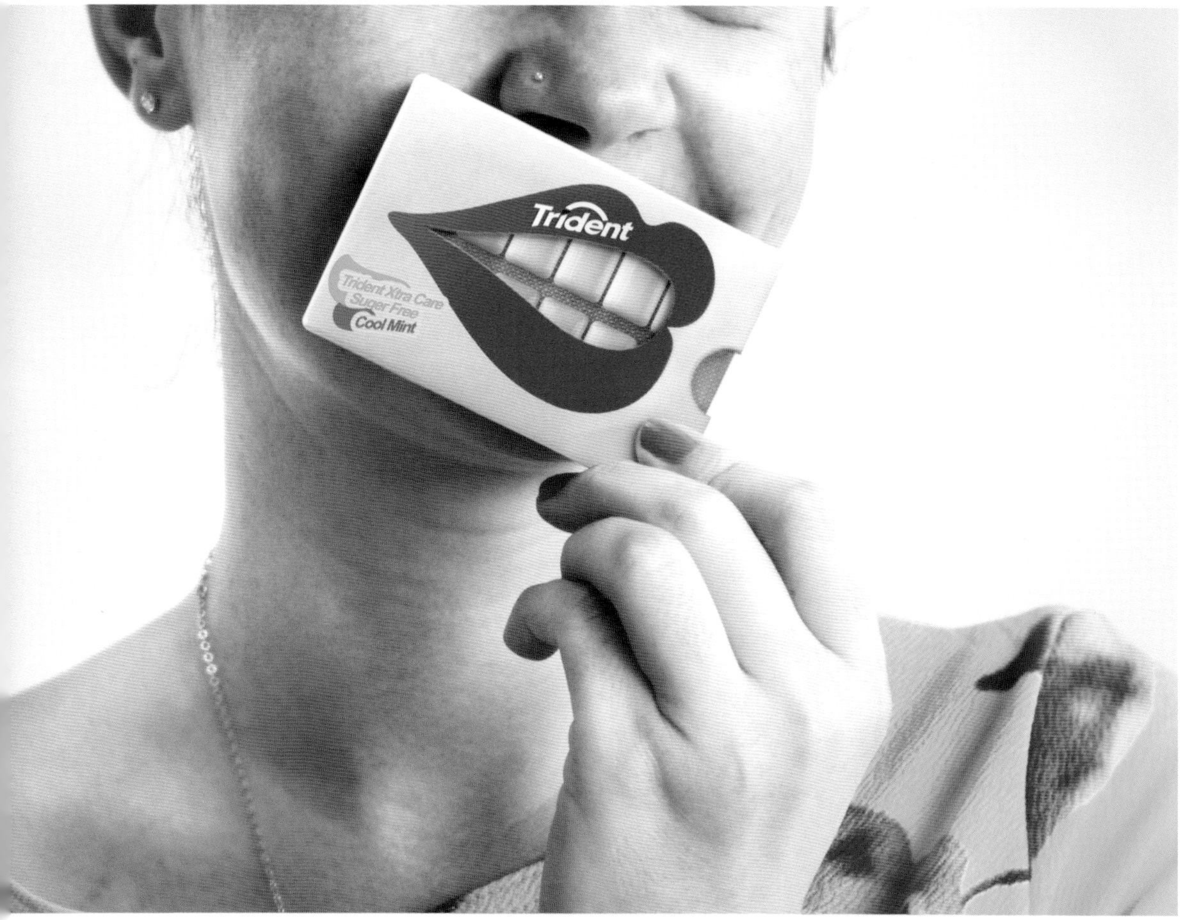
Trident
Trident Xtra Care
Suger Free
Cool Mint

Trident
Suger Free
Chewing Gum
White Mint +

Soothing
Vanilla
DEEP CLEANSING HAND SOAP
VANILLA ABSTRACT & ALOE VERA
8 fl oz/236 mL

Island
Pineapple
DEEP CLEANSING HAND SOAP
PINEAPPLE ABSTRACT & ALOE VERA

Electric
Lemon

布卢姆洗手液

布卢姆（Blúm）是一种新鲜清香的护肤型洗手液。如图所示，该洗手液的每一个款式，都是以既定风格的字体和图案来突出其特定香味的。曲线玻璃瓶体表面上有醒目的视觉标识。

设计师：林德赛·雷韦奇
国家：美国
设计机构：农场设计工作室（Farm Design）
创意总监：亚伦·艾奇逊

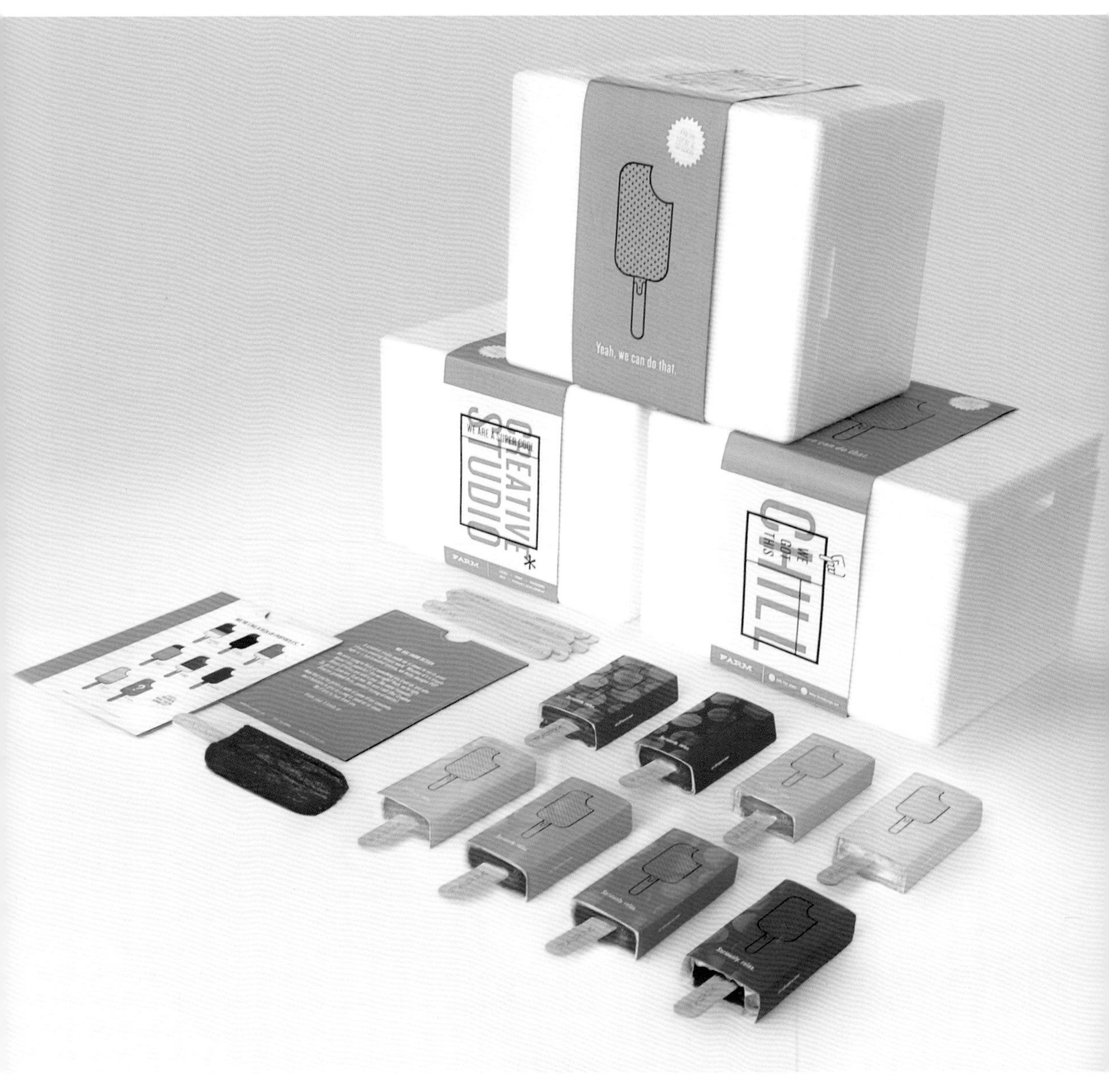

让它流行起来

加州夏季气候干燥，而农场设计为了使人们能够在此期间摆脱酷暑难熬的精神状态，设计了一款独特的促销快品。当地盛产的趣味冰棒则成为了工作室所选择改造的宣传品，意在将该冰棒打造成为加利福尼亚夏季市场中的品牌之星。如图所示，冰棒通过白色的泡沫箱来保温，纸套上的图形透出了一种现代美学气息。冰棒的独立包装五颜六色，每一款冰棒的口味特色都是以颜色来区别的。

设计师：亚伦·艾奇逊、杰西卡·斯特雷奥夫
国家：美国
设计机构：农场设计工作室
创意总监：亚伦·艾奇逊
客户：农场设计工作室

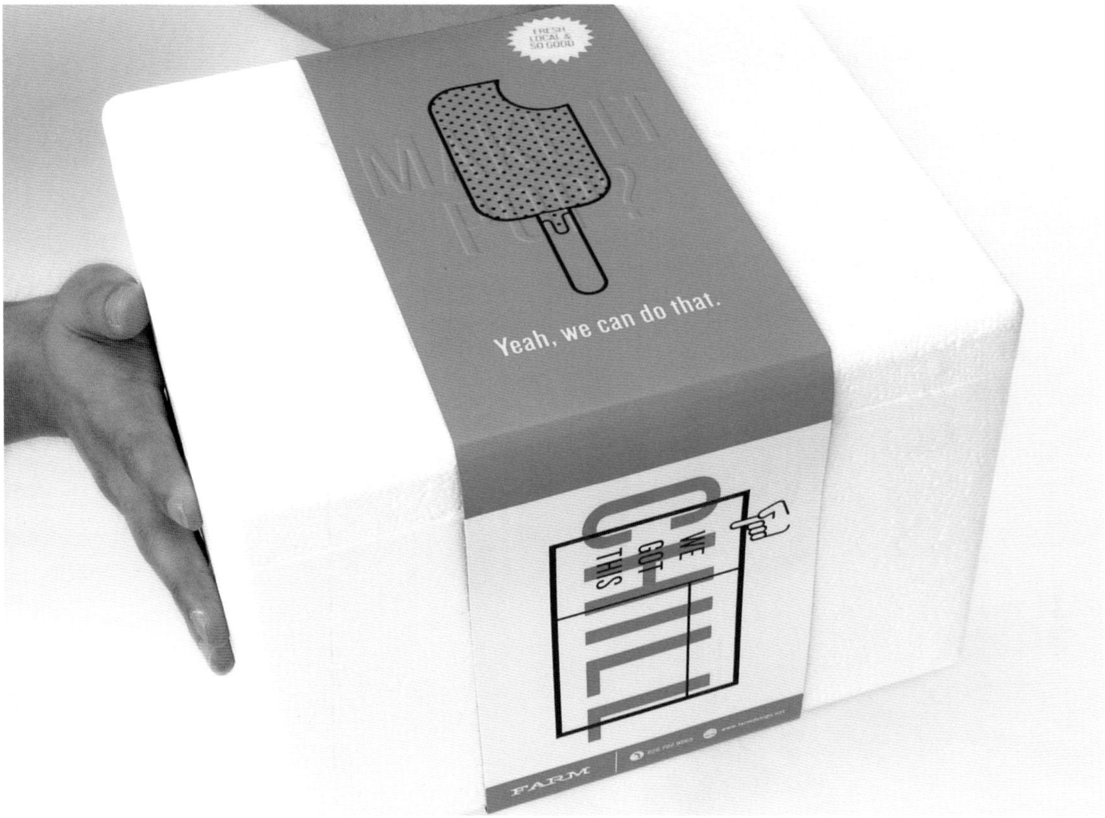
FRESH
LOCAL &
SO GOOD
Yeah, we can do that.
WE
GOT
THIS
FARM

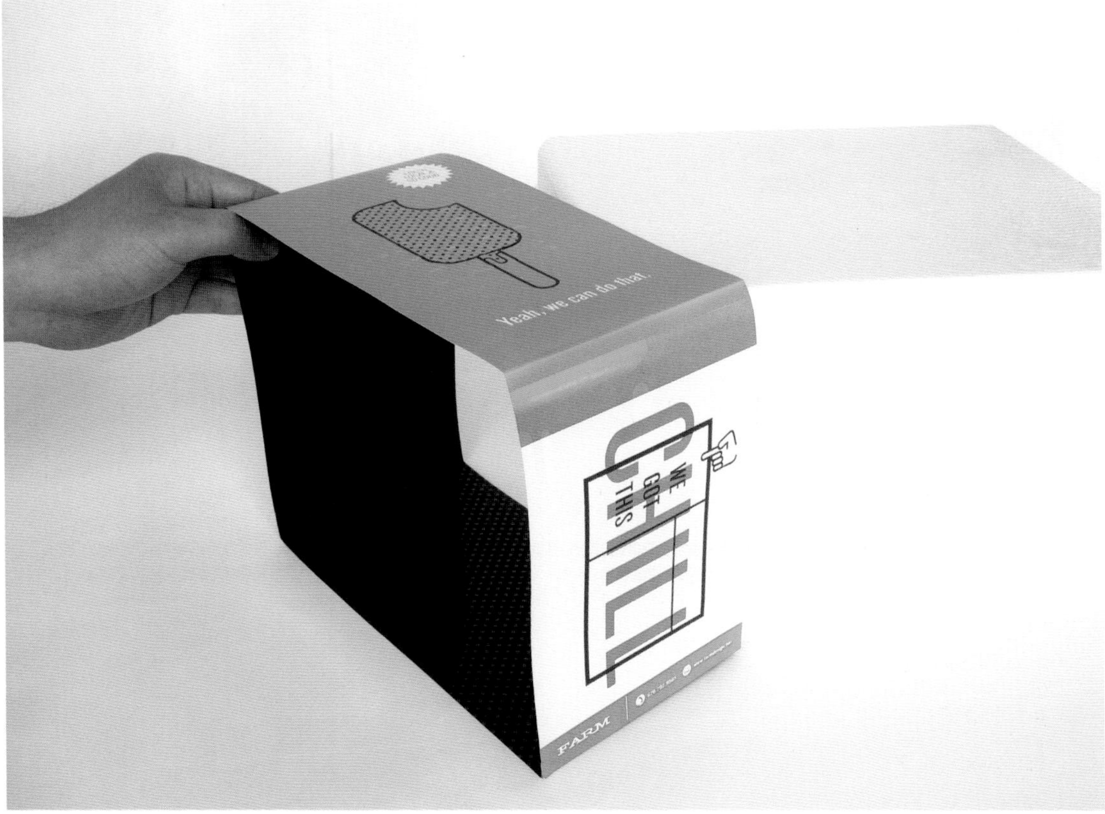
Yeah, we can do that.
WE
GOT
THIS
FARM

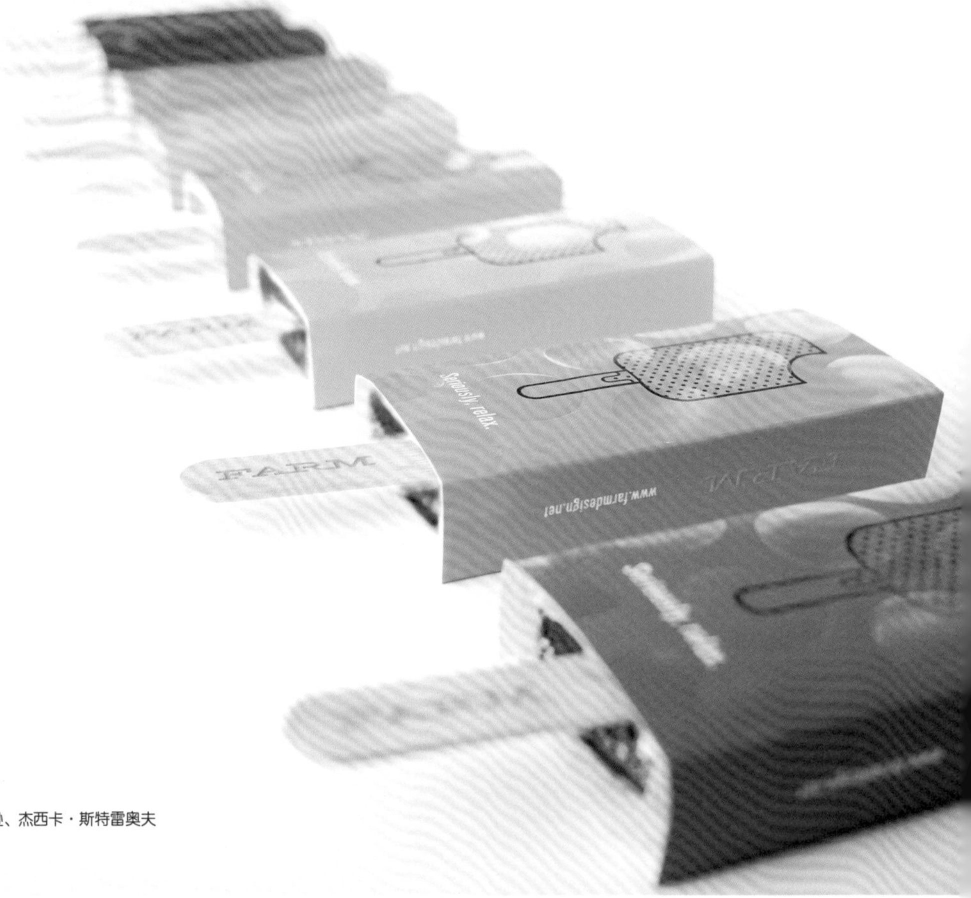

让它流行起来

设计师：亚伦·艾奇逊、杰西卡·斯特雷奥夫

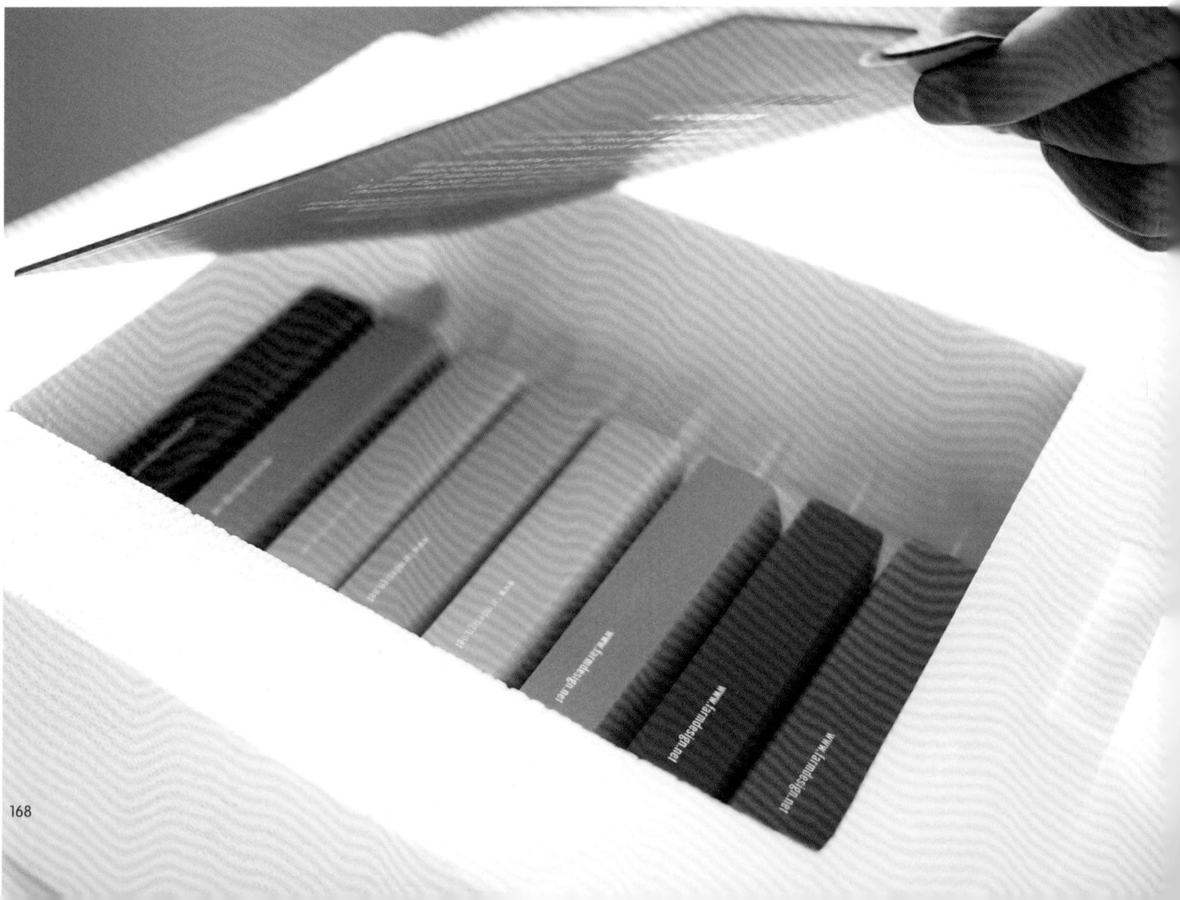

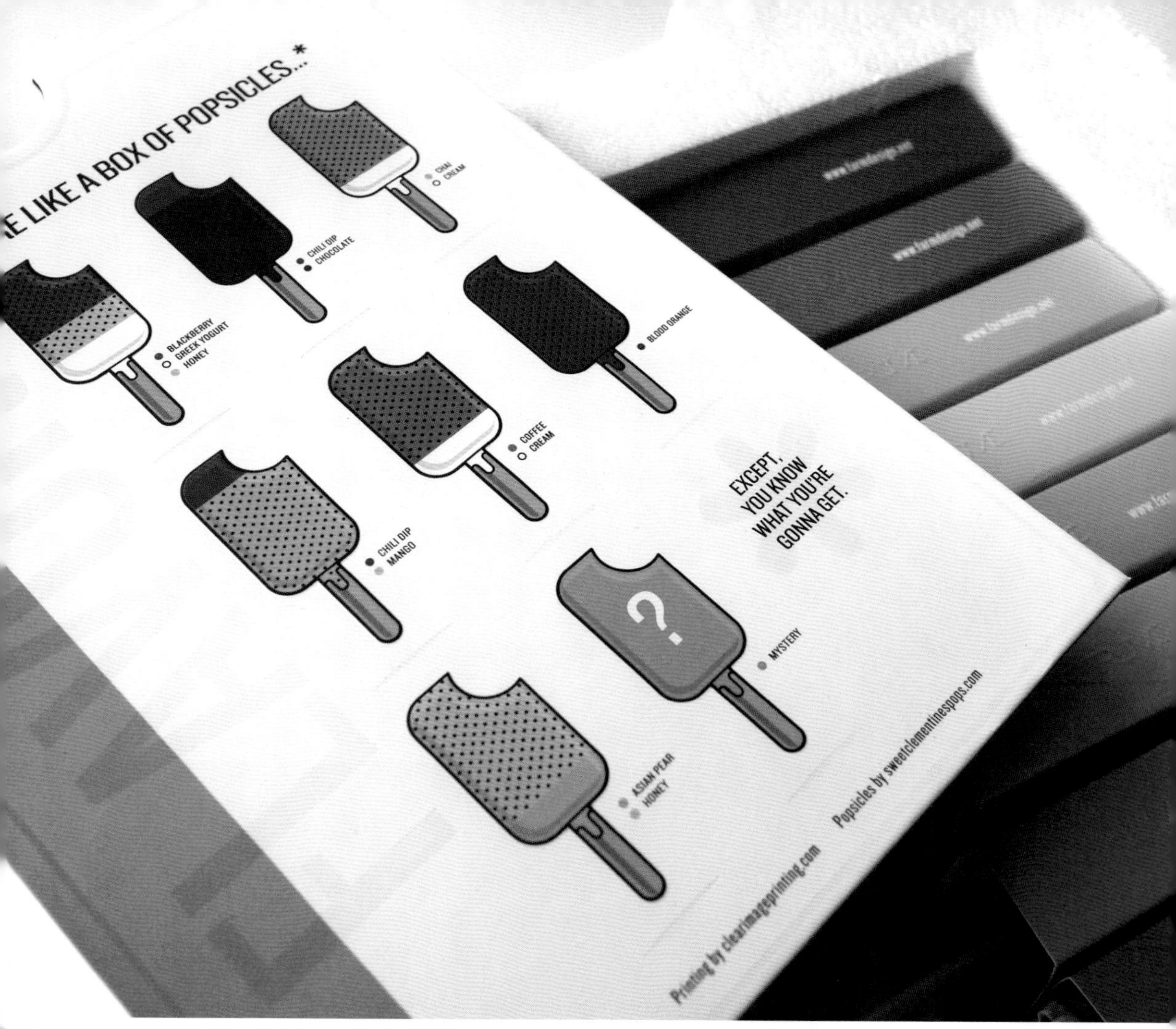

E LIKE A BOX OF POPSICLES...*

CHAI
CREAM

CHILI DIP
CHOCOLATE

BLACKBERRY
GREEK YOGURT
HONEY

BLOOD ORANGE

COFFEE
CREAM

CHILI DIP
MANGO

EXCEPT,
YOU KNOW
WHAT YOU'RE
GONNA GET.

?

MYSTERY

ASIAN PEAR
HONEY

Printing by clearimageprinting.com

Popsicles by sweetclementinespops.com

FARM

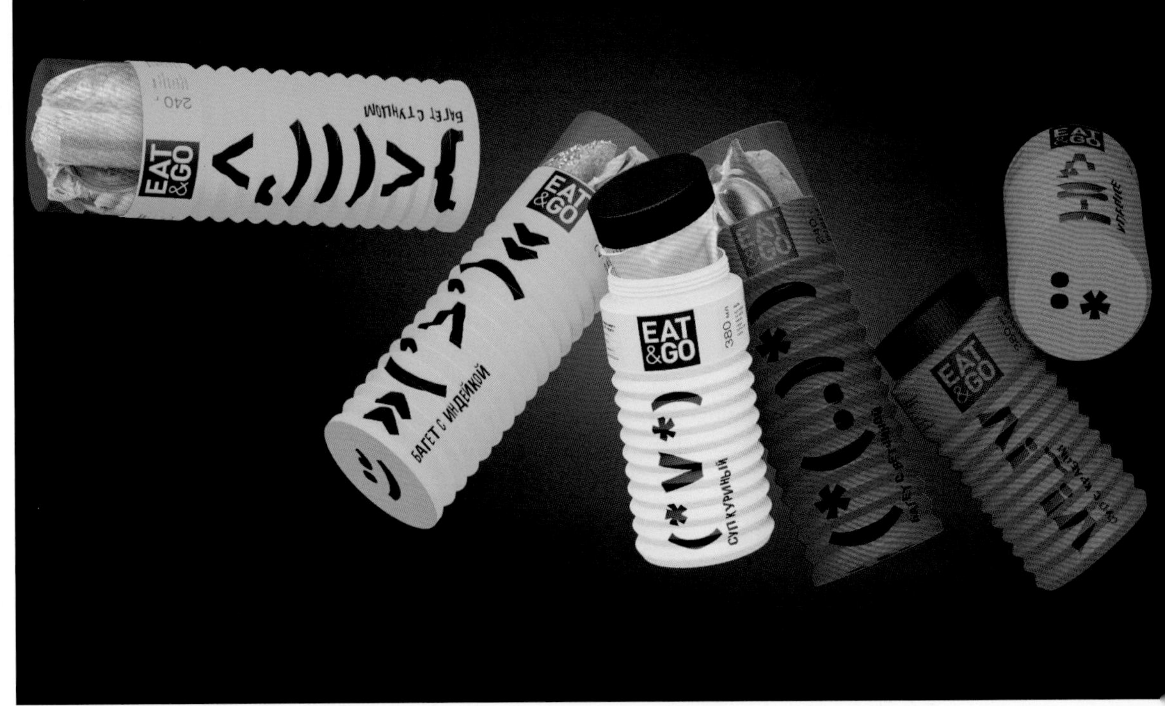

Eat&Go 午餐包装

这是 Frutodashiki 设计团队为 Eat&Go（一种学生速食餐）三明治和汤饮料理打造的一款绿色包装设计。该设计团队选择了目标受众群体经常使用的表情符号，来突出 Eat&Go 这款产品的风格和特点，并由此充分体现出当今学生所处的一种快节奏生活。

该包装是一个塑料管形状，且很容易被折叠起来从而缩短它的长度（就如同将饮用吸管折叠起来一样）。在这款包装设计的功能下，你无须担心由于双手脏而无法享用三明治，吃完后包装还可以折叠起来放进自己的口袋里。总的来说，这款包装是一个生态环保的设计，你可以以一种安全健康的方式来享受自己的一日三餐了。

设计机构：Frutodashiki 工作室
国家：俄罗斯
创意总监：奥尔加·甘巴良、黛安娜·吉巴杜丽娜
历山大·基施恩科、安德罗尼科·波洛兹
客户：英国高等艺术设计学院（莫斯科分校）课题
设计

EAT
&GO
240
БАГЕТ С ТУНЦОМ

EAT
&GO
:D

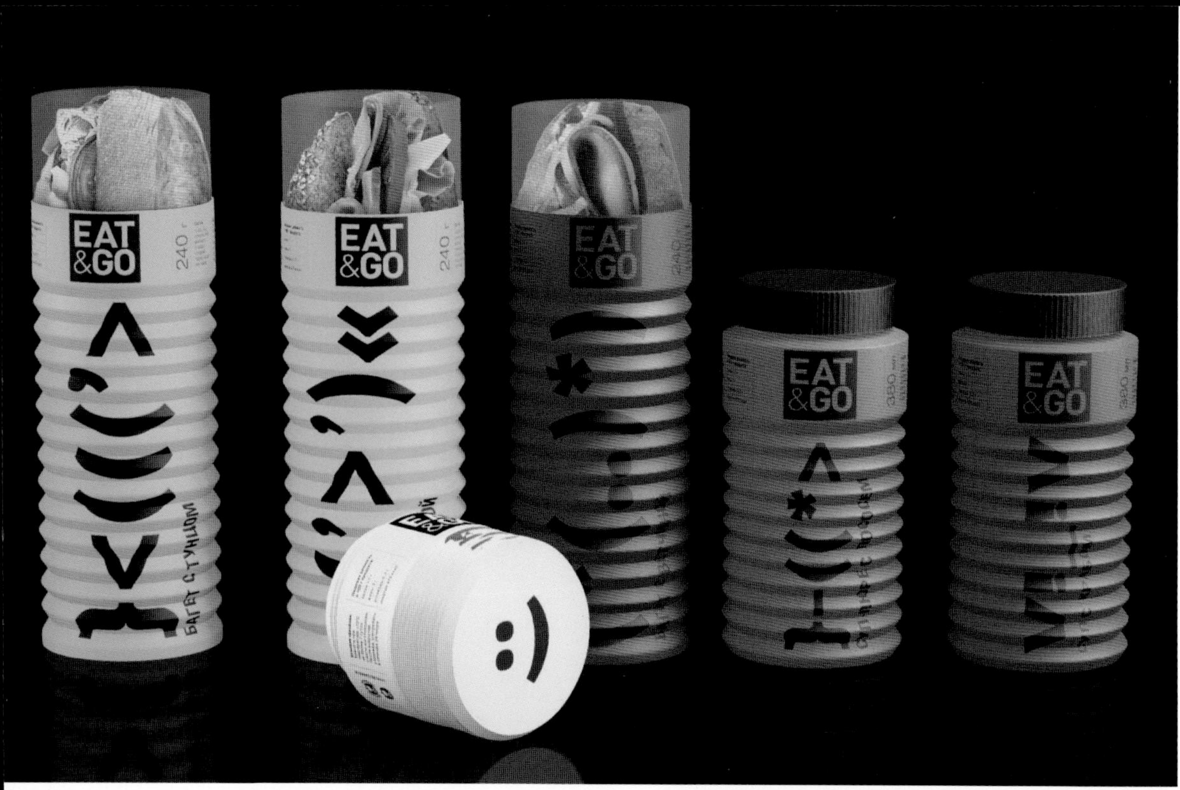

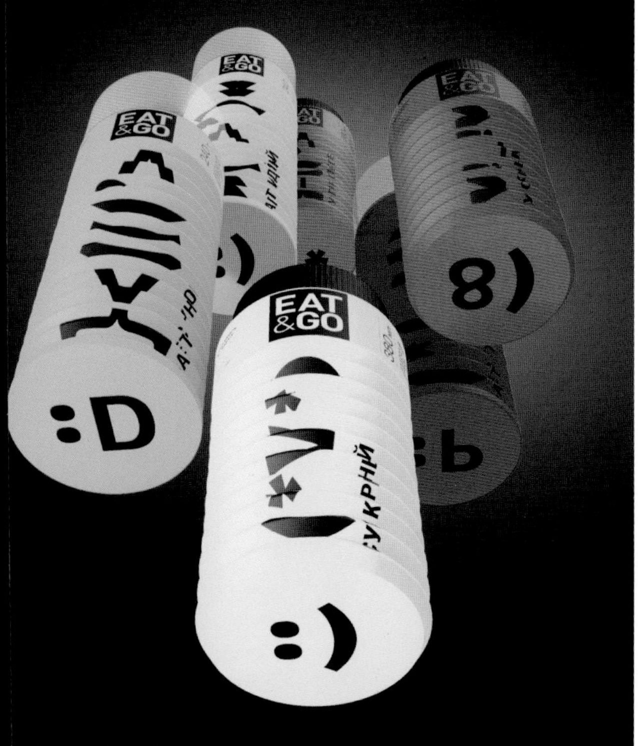

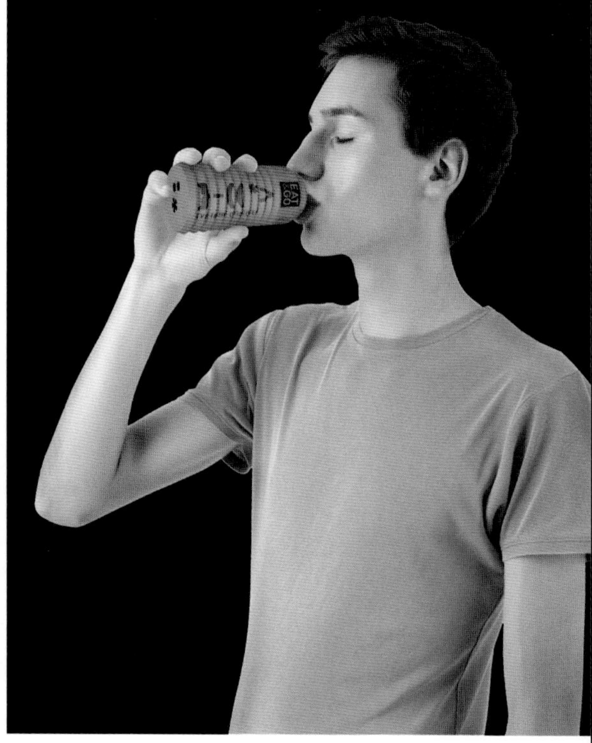

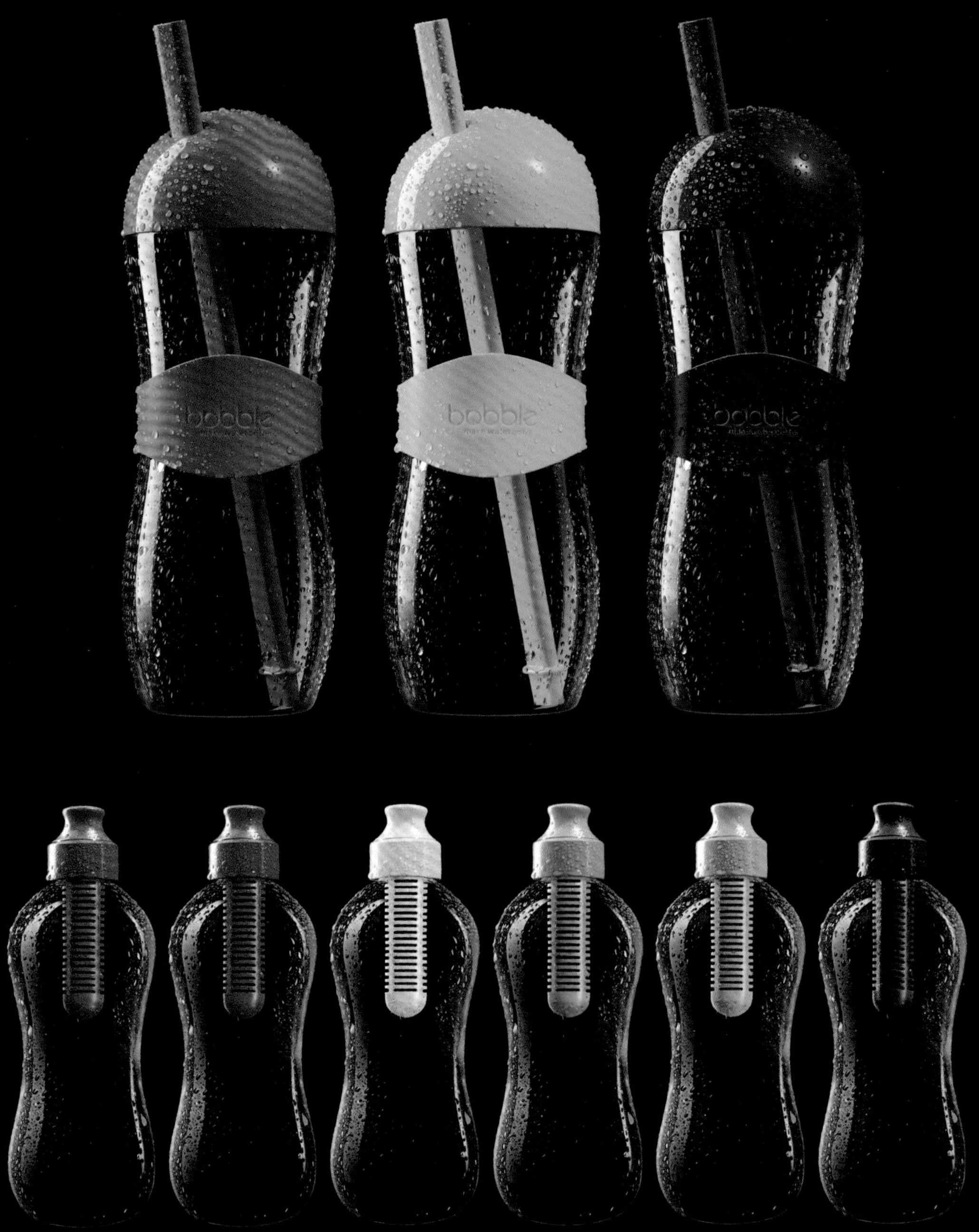

Bobble

Bobble 是一款圆润光滑、循环使用的过滤水杯。Bobble 突出了一种智能化的设计原理，其特点体现在它能将氯和有机污染物有效地清除于自来水之外，将其转化为一种既干净又清纯的饮用液体。这款过滤水杯主要有六种颜色，为绿色、红色、蓝色、西洋红、黑色和黄色，这些颜色不仅能使得 Bobble 的产品外观有着形式多样的视觉风格，还能引导消费者根据自己的心理状态去选择一个最合适的款式。当然，尽管 Bobble 过滤水杯是一种可循环利用的产品，但从某种程度上来说，它也是具有使用寿命的，一般而言，该水杯在使用两个月且过滤了约 150 升的饮用水之后，理应被替换掉。Bobble 是一款非常漂亮的产品，其标志符号、风格和色彩不仅能激发消费者对绿色观念树立正确的认识，还能促使人们利用生态环保的材料来替换掉有害于环境的塑料水瓶。依照公式计算，一个 Bobble 过滤水杯等同于 300 个一次性水杯，消费者在过去的一年中减少使用了上万吨一次性塑料瓶。

设计师：卡里姆 · 拉希德
国家：美国
设计机构：卡里姆 · 拉希德
创意总监：卡里姆 · 拉希德
设计总监：卡里姆 · 拉希德
客户：Bobble
摄影：卡里姆 · 拉希德

Kenzo 之恋，我的最爱

“Kenzo 之恋，我的最爱”（Kenzo Amour My Love）是一款限量版的女用香水，而这款含有花卉及水果元素的感官产品，则是基于真爱与欢愉所赋予的灵感而设计的。Kenzo 香水的味道分为很多种，包括柚子、紫罗兰、桃花、玫瑰、香柏木和麝香；该产品 50 毫升的玻璃瓶妩媚性感，其自信满满的挺拔轮廓，则伴随着粉红色调呈现了一股温暖儒雅的视觉气息；精美的包装与花束般的香水瓶形成完美组合，也充分展现了“Kenzo 之恋”所具有的浪漫情怀。

设计师：卡里姆·拉希德
国家：美国
设计机构：卡里姆·拉希德
创意总监：卡里姆·拉希德
设计总监：卡里姆·拉希德
客户：高田贤三
摄影：卡里姆·拉希德

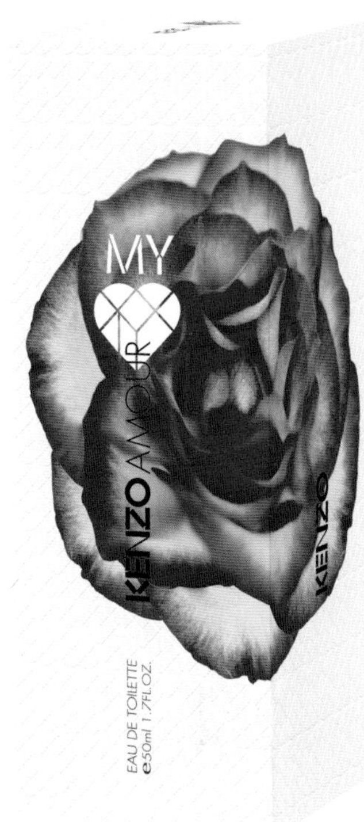

Kenzo 之恋

Kenzo 之恋（Kenzo Amour）是一款带有木质麝香且柔美感性的特色香水。这款香水所散发的芳香，仿佛让你开启在印度、印度尼西亚、日本、缅甸和泰国等地的记忆之旅。此外，瓶身造型意在表现一只抽象的小鸟，而白色、橙色及紫红色的搭配，则象征对旅游的向往和爱情的芬芳。

设计师：卡里姆·拉希德
国家：美国
设计机构：卡里姆·拉希德
创意总监：卡里姆·拉希德
设计总监：卡里姆·拉希德
客户：高田贤三
摄影：卡里姆·拉希德

钻石伏特加

钻石伏特加（AnestasiA Vodka）的最大成功之处，在于它为烈酒开辟了新的领域。为了突出伏特加所秉承的创新精神，我们为其设计了一款独特的玻璃酒瓶。如图所示，水晶造型的酒瓶体现了一种超级未来主义风格，而其硬边、不对称的形象设计，则使其形成了一种十分直观且便捷的功能结构；此外，瓶身之美与透明桌面的组合，打造了一种前卫的设计风格，使其在同类产品中与众不同。

设计师：卡里姆·拉希德
国家：美国
设计机构：卡里姆·拉希德
创意总监：卡里姆·拉希德
设计总监：卡里姆·拉希德
客户：钻石伏特加
摄影：卡里姆·拉希德

AnestasiA
VODKA
HAND-CRAFTED IN AMERICA
5X DISTILLED
40% ALC/VOL

日用果汁

伴随着欢快诱人的图形、标识和包装，法式长棍面包店（Paris Baguette）推出的日用果汁（Daily Jus）散发着一种欢快的视觉气息。如图所示，瓶身简约舒适的立体结构，为消费者带来一种轻松愉悦的心情，激励着消费者一定要以快乐的心情去过好生活中的每一天。

设计师：卡里姆·拉希德
国家：美国
设计机构：卡里姆·拉希德
创意总监：卡里姆·拉希德
设计总监：卡里姆·拉希德
客户：法式长棍面包
摄影：卡里姆·拉希德

顽皮果茶

这是卡里姆·拉希德为法式长棍面包店的有机蜜桃果汁打造的一款品牌包装设计。如图所示，瓶身结构使得该饮料的包装既结实又耐用，而其大胆而又引人注目的设计风格，也反映了该产品的新鲜属性和有机特点。

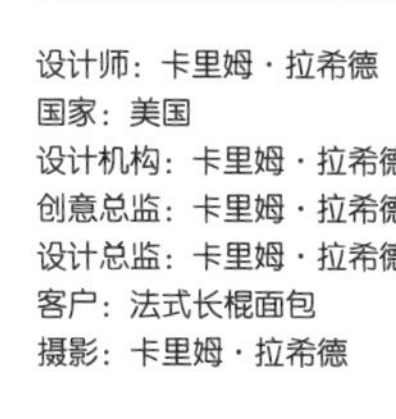

设计师：卡里姆·拉希德
国家：美国
设计机构：卡里姆·拉希德
创意总监：卡里姆·拉希德
设计总监：卡里姆·拉希德
客户：法式长棍面包
摄影：卡里姆·拉希德

绿茶与玉米茶

这是卡里姆·拉希德为法式长棍面包店的新鲜酿茶所打造的一款品牌包装设计。如图所示，两款饮料（绿茶与玉米茶）瓶身的欢快形态，使得包装既结实又耐用，而其大胆而又引人注目的设计风格，也反映了该产品的新鲜属性和有机特点。

设计师：卡里姆·拉希德
国家：美国
设计机构：卡里姆·拉希德
创意总监：卡里姆·拉希德
设计总监：卡里姆·拉希德
客户：法式长棍面包
摄影：卡里姆·拉希德

Koffy 咖啡

这是为法式长棍面包店的 Koffy 咖啡所打造的一款品牌包装和标识设计。Koffy 咖啡主要分为两种类型，即焦糖玛奇朵和拿铁。如图所示，卵形瓶装结构与标识设计的协调统一，使瓶身造型呈现了咖啡豆的自然外观；玻璃瓶是由 100% 的可生物降解材质制成的。这种包装和品质，使 Koffy 咖啡的设计感与美味巧妙地融合在了一起。

设计师：卡里姆・拉希德
国家：美国
设计机构：卡里姆・拉希德
创意总监：卡里姆・拉希德
设计总监：卡里姆・拉希德
客户：法式长棍面包
摄影：卡里姆・拉希德

I AM
Strawberry
& tomato vine
EAU DE Parfum
Indipendent
SMOOtH
woman
Sweet
Secret
Confident
Strong
50 ml / 1.7 fl oz

I AM——纯植物香皂

在当前的大众市场中，Eastpak、Rayban、Arizona 和 Moleskine 是多数女性所青睐的品牌，为了能够在现行的趋势下打造出新颖独特的化妆品牌——I AM，我尝试设计了一系列创新式理念、名称及标识。针对三种不同的产品（香皂、香水、沐浴露），我选择了三种不同的芳香，分别是草莓 、雪梨和海洋气息。

设计师：劳拉·索阿韦
国家：意大利 / 比利时
摄影：劳拉·索阿韦

龟甲万品牌再造设计

在我为龟甲万（Kikkoman，一种类似于精致葡萄酒的原汁酱油）标识进行重新塑造的过程中，我发现该产品原有的设计元素，主要是由六边形、家纹和体现其品牌身份的字体所构成的，这些创意元素的背后，无形中隐藏着该品牌的历史和经营方式。为了将这些原有的创意元素进行重组，进而向消费者传递龟甲万酱油的品牌历史和内涵，我尽可能地诉诸一种更为创新的手法，来形象化地突出该企业成立至今的市场价值及未来 100 年内的发展空间。

在这款新型设计中，我决定将该品牌原有的六边形保留不变，因为该元素看似非常简单，却在某种程度上代表了龟甲万品牌的所有内涵。"龟甲万"在日语中的直译为"乌龟可活一万年"，而该企业成立之初的核心目标，也就是希望该品牌能够在岁月的流逝下屹立不倒。让龟甲万公司能够以繁荣的姿态走向国际市场一直是其创始人茂木女士的目标，而以六边形来隐喻玄武龟壳的形态，则是意在表现该企业所具有的能够经历时代考验的品牌活力。

此外，家纹是我在这款新型设计中保留的另外一个元素，如果有必要的话，我会将其与一种更为独特的元素——日本汉字来进行组合从而展开设计。日本汉字是现代日语体系中常见的语言符号，利用日本汉字辅助图形标识来表现"龟甲万"的名字，则能以一种更为典雅的形式来突出该品牌的形象。融合于新式包装设计中的创意元素，意在追忆和重现亚洲文化。

为了使这款在饭店和餐厅中常看到的产品更加具有识别性，我对酱油分类表的特定名称进行了重置。我之所以没有改变这款产品的瓶身结构，是因为该载体是由日本著名设计师荣久庵宪司所设计的，正是由于他的杰出创意，才使得龟甲万的品质赢得了广大消费者的认可。龟甲万酱油分为三种类型，即"天然纯酿酱油"、"照烧鸡酱油"和"烹饪酱油"，这些产品在推销的过程中，则是以三种不同的颜色标签，并配以甜味米酒和天妇罗面包屑等来进行售卖的。为了突破龟甲万当前的传统模式，我设计了龟甲万"带走酱汁"系列产品并打造了三款包装。如图所示，这三款包装均以六边形作为视觉主体，三种不同的颜色代表着三种不同的口味，即"天然纯酿酱油"、"甜酸酱油"和"甜酱油"。

最后一个作品是我为龟甲万 2017 年 100 岁生日所设计的一款纪念版包装。该作品名为《优质大豆酱油》，采用黑色玻璃，以纹理标签及米色细绳作为装饰点缀。该包装有一个最为独特的地方，那就是瓶身的一侧插有一双木质的筷子。考虑到纪念版的特殊意义，我还利用黑纸与木料相交替的形式，为其设计了一款六边形礼盒。

设计师：劳拉・索阿韦
国家：意大利 / 比利时
摄影：劳拉・索阿韦
客户：龟甲万公司

naturally
brewed
soy
sweet
& sour
sauce
sweet
soy
sauce

KIKKŌMAN
culinary art
from japan
RECIPE SUGGESTION:
tempura
bread
crumbs

ANNIVERSARY
EDITION
KIKKŌMAN
コーマン
premium
soy
ANNIVERSARY
EDITION

龟甲万品牌再造设计

设计师：劳拉·索阿韦

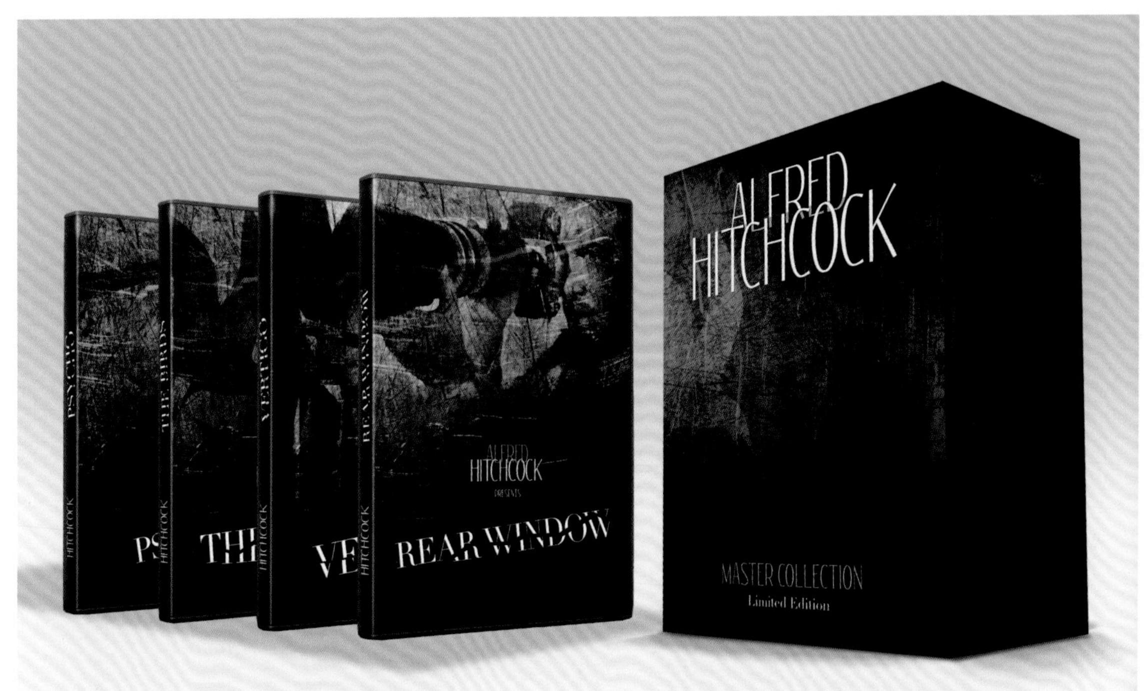

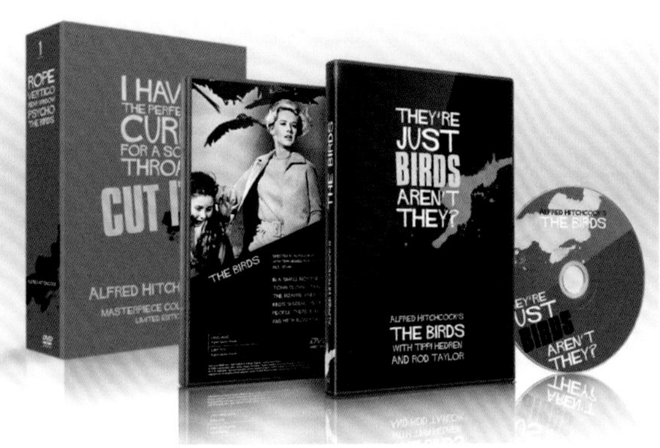

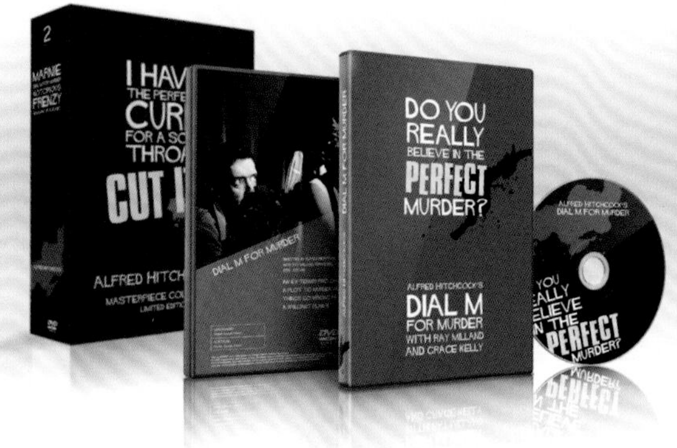

《阿尔弗雷德·希区柯克影视集》限量版包装设计

这是为《阿尔弗雷德·希区柯克影视集》（“Alfred Hitchcock's movies Collection”）设计的一款限量版 DVD 套装，而图中为您所展现的，则是我们基于希区柯克的名言“治疗喉咙疼痛的最佳方法就是切开它”所设计的第一款包装。为了使该作品的两个分装能够区分开来，我们为其按顺序设置了相应的编号。这款 DVD 包装的色彩结构采用内外交替的形式，如图所示，第一个包装盒的外部形象是以米黄色为视觉背景的，其内部空间的颜色则是以黑色为主体；第二个包装盒的黑色外观形象，是为吻合希区柯克影视题材的黑暗面所设计的，而这种视觉效果不仅映射了其影片的精华，也突出了其电影情节所暗含的恐怖悬疑。总之，这款 DVD 包装里外结构的色彩变化是该作品最为突出的一个特点，而其黑色与淡彩变化之间所形成的冷酷色调，也能更加突显现代包装所应具有的视觉风格。

设计师：劳拉·索阿韦
国家：意大利 / 比利时

品客薯片 2012 年奥林匹克之行

这是针对 2012 年伦敦奥林匹克运动会所打造的两款品客薯片（Pringles）包装设计。我利用英国国旗作为创意元素，来向国际消费者传达 2012 年奥林匹克运动会的举办地伦敦。如图所示，两套包装的整体纹理均是以英国米字旗作为视觉背景的，其中，绿色包装象征着薄荷口味的薯片，而红色包装则象征着牛肉口味的薯片；其次，为了在产品的标识上充分体现出“2012 年奥林匹克之旅”（“Go Olympics 2012”）的内涵，我在包装盒的上部，采用了标识与特定图形相融合的方式，将奥林匹克五环与英文单词“Go”巧妙地同构在了一起。

设计师：劳拉・索阿韦
国家：意大利 / 比利时
客户：品客薯片

SUPER
HOT
SAU
CE
Gorilla
MADE BY THE
OF TABASC
PEPPERS
VINEGAR
AND SALT
Gorilla
PURE
VO
DK
A
Gorilla
MADE BY THE
Distillation
OF GRAINS
FRUITS AND
SUGAR
Gorilla
1 LITER
40% VOL

大猩猩牌原味伏特加与大猩猩牌超级辣酱

“大猩猩牌原味伏特加”和“大猩猩牌超级辣酱”，这两款产品能够构成一个冷暖并存的宇宙空间，即象征寒冷的伏特加能够与象征火热的辣酱共同在你的味觉中翻腾。正如您所看到的，该产品的设计理念是以一只大猩猩抓住瓶子的手来体现的，我只想利用手的特写来表现气氛和力量，所以并没有将大猩猩的整体形象刻画出来。如图所示，从视觉效果来看，两种字体间的对比充分烘托了该产品的品牌力量，而我采用的两种颜色，也从心理层面映射了两款产品的口味与特色，即用灰蓝色组合表现了伏特加的冰冷，用红黑色组合表现了辣酱的火热。当然，直接拿着大猩猩牌原味伏特加与超级辣酱去参加派对的话，可能会显得有些冷酷，而这时，如果用一个精美的礼盒来包装，你会不会就感觉舒服多了？大猩猩牌原味伏特加与大猩猩牌超级辣酱，欢乐派对的绝妙组合！

设计师：劳拉・索阿韦
国家：意大利／比利时
摄影师：劳拉・索阿韦

奥罗

奥罗（Oro）起源于意大利，是一种由橄榄油、香醋和无花果酱酿造的“美食”产品。该产品的名称“Oro”，在意大利语中意为“金色意大利”，而我之所以为这款产品进行品牌再造，是因为这里是我的故乡。据古希腊和古罗马传说，橄榄油所具有的颜色和质感是上帝恩赐的，所以这种物质在西方常常被誉为“上帝的金色甘露”。鉴于此，我采用了金色与白色混搭的形式为其设计了一个包装盒，包装盒内三款产品的珍贵之感，也无形中反映了上帝金色甘露所具有的一种神圣品质。

我出生于奇伦托，它位于意大利南部坎帕尼亚大区，当地的人们常常会利用独特的元素来对陶瓷器皿进行装饰。我将这种装饰手法充分应用到了奥罗的整套设计之中。

每一款产品的标签上都引用了奇切罗内（Cicerone）的一句话，即“饥饿是食物最好的调味品”（Cibi condimentum esse famem），而将黄金稻草缠绕在油瓶的上方，是为了以一种生态要素来增添装饰效果。

设计师：劳拉·索阿韦
国家：意大利 / 比利时
摄影师：劳拉·索阿韦

Oro
Olio d'Oliva
Tradizione Italiana
250 ml
Oro
Aceto Balsamico
Tradizione Italiana
250 ml
Oro
Confettura di Fichi
Tradizione Italiana
400 gr

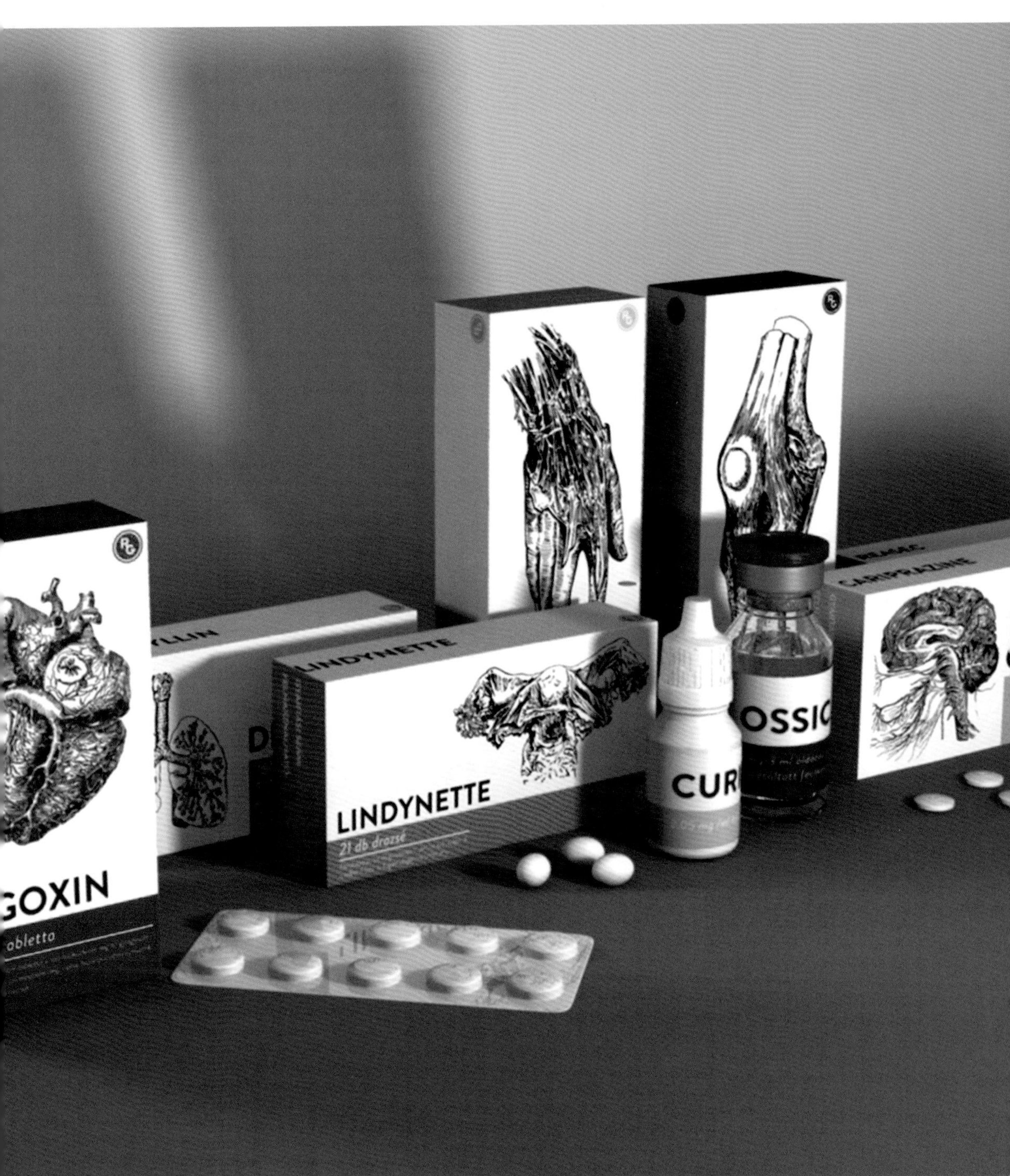

药品包装

这是我为里克特格德翁公司（Richter Gedeon）所设计的一款药品包装。在该作品的设计过程中，我一方面旨在将该品牌的不同产品打造成一套统一的包装，另一方面，我又不打算将不同的产品混杂在一个不同的产品系列之中。基于这样一种思路，我为里克特格德翁公司设计了三种包装，并且利用色彩和插画的形式区分了每一种药物的功能与属性。

设计师：卢卡 · 巴科斯
国家：匈牙利

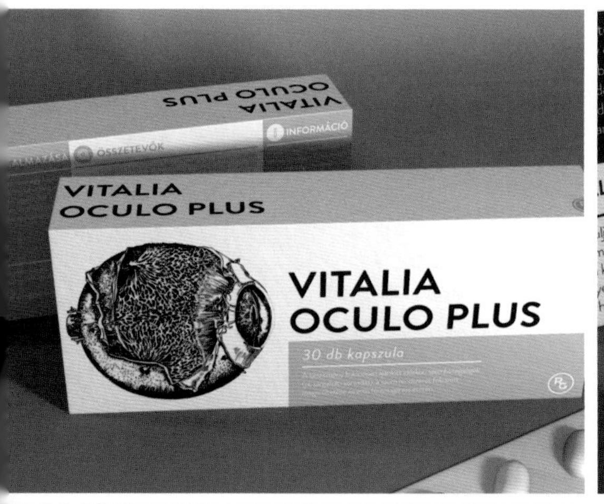
VITALIA
OCULO PLUS
INFORMÁCIÓ
ÖSSZETEVŐK
VITALIA
OCULO PLUS
VITALIA
OCULO PLUS
30 db kapszula

OSSICA
3 mg/3 ml oldatos injekció
előretöltött fecskendőben

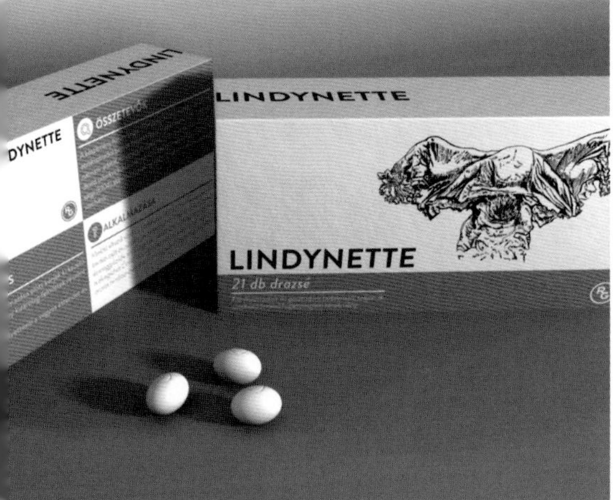
LINDYNETTE
ÖSSZETEVŐK
LINDYNETTE
LINDYNETTE
21 db drazsé

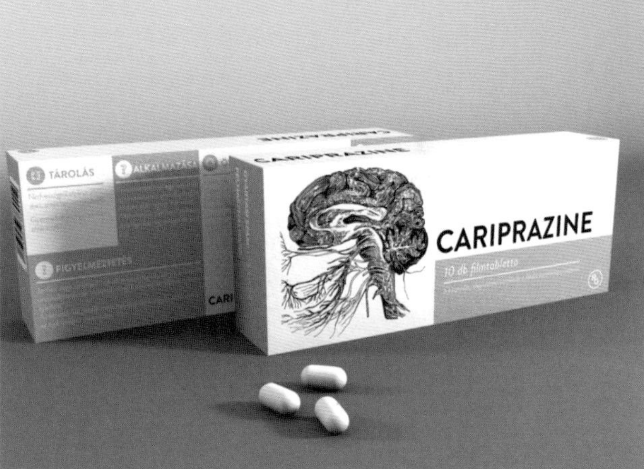
TÁROLÁS
FIGYELMEZTETÉS
CARIPRAZINE
10 db filmtabletta

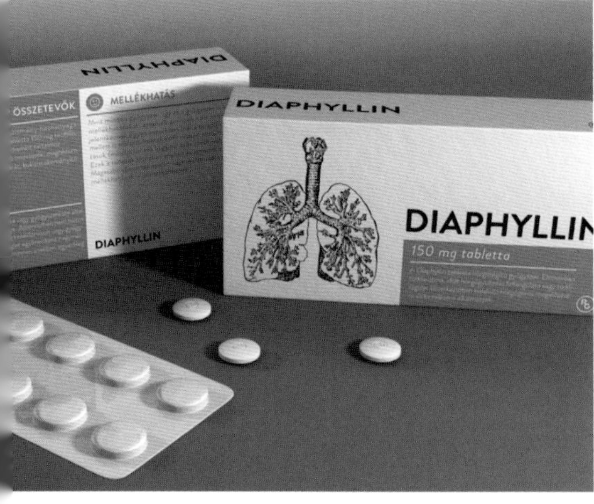
DIAPHYLLIN
ÖSSZETEVŐK
MELLÉKHATÁS
DIAPHYLLIN
DIAPHYLLIN
150 mg tabletta

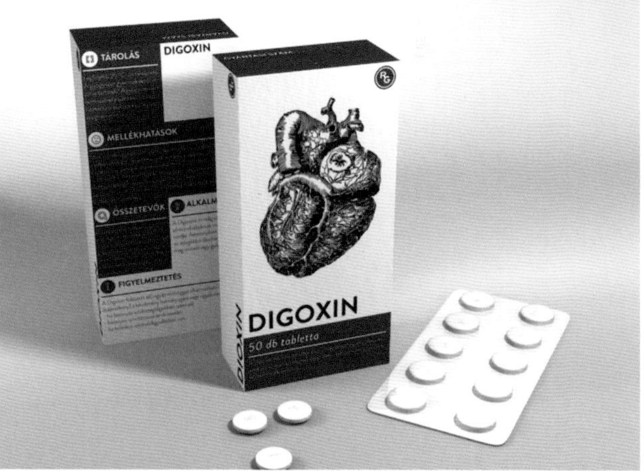
TÁROLÁS
DIGOXIN
MELLÉKHATÁSOK
ÖSSZETEVŐK
FIGYELMEZTETÉS
DIGOXIN
50 db tabletta

Figula 酒标签

Figula 酿酒厂的种植园位于巴拉顿高地国家公园的自然保护区之中，种植了很多具有价值的生态物种。为了体现出巴拉顿高地国家公园的自然之美，我将其园中的荫鱼、蜻蜓和草蛇，以视觉符号的形式体现在了标签中。如图所示，三个动物以象形图样的形式出现在标签之上，而为了突出每一种动物的部分特征，我将其身体上的生物纹理也刻画在了产品的标签版面之中。

设计师：卢卡・巴科斯
国家：匈牙利

Figula“7 公顷”酒标签

这是我以名字为出发点为 Figula 葡萄酒所设计的一款标签。“7 公顷”（7Hectare）这个名字呈现了一个趣味的文字游戏，英文字母“H”与阿拉伯数字“7”形成了一种并列相融的视觉风格。如图所示，“7 公顷”翩翩起舞的魔幻姿态显得既轻柔又优雅，标签其他文字要素则以最为简洁的形式呈现。

设计师：卢卡 · 巴科斯
国家：匈牙利

No.01
実り
sake
nigori
unfiltered
minori
実り
minori

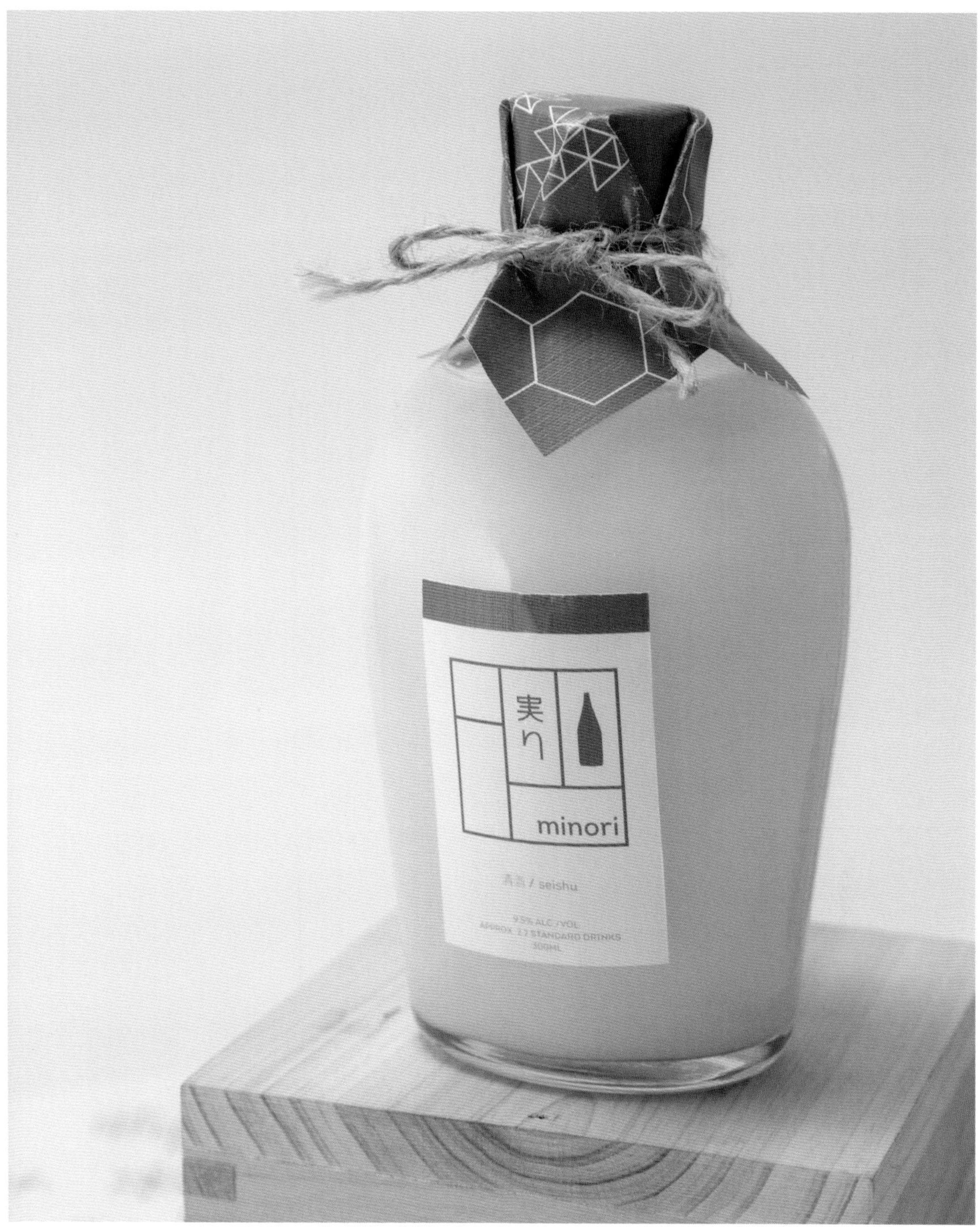

Minori 日本米酒

Minori 日本米酒的包装设计是一个学生作品，其设计目的是为了将这款产品推向更高端的目标市场。“Minori”在日语中的意思即为“丰收”，一般指的是日本多云地带的麦田及新泻市的酿造区。为了塑造日本米酒的文化内涵，我们在参照当代日本肖像学的基础上，利用日本神道教建筑的橘红色展现了日本米酒本身的宗教属性，而“Minori 日本米酒”的标识设计，则是基于榻榻米（日本家庭生活中常用的一种垫子）布局风格的特点并组织多种不同的创意元素所构建而成的。如图所示，该产品多样的图形符号和日式波纹，展现了米酒酿造过程的不同方面，而该包装与棉绳的整体结合，则使米酒瓶看起来更为结实和富有美感。

设计师：迈克尔・阮
国家：澳大利亚
创意总监：迈克尔・阮
设计总监：迈克尔・阮

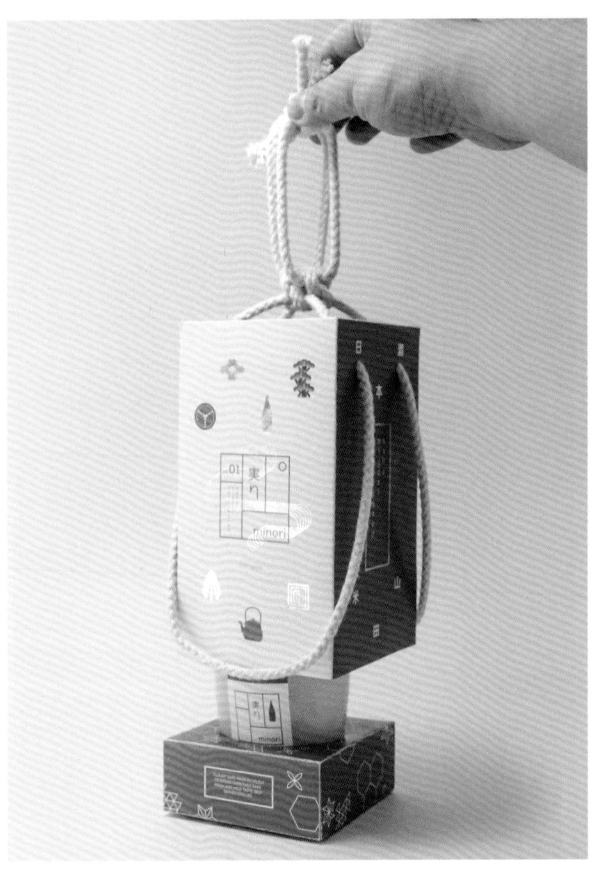
01
実り
minori

日
酒
本
sake
nigori
unfiltered
田

01

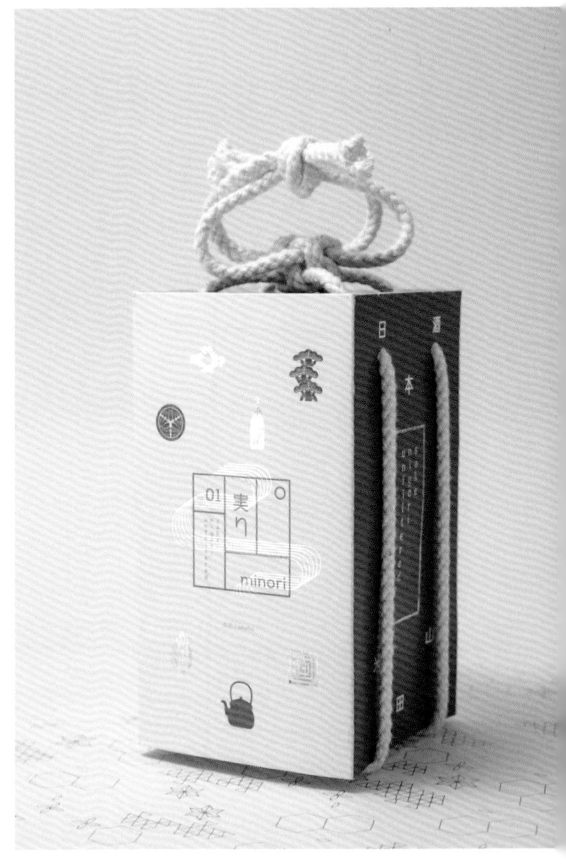
日
酒
本
01
実り
minori
山
田

Minori 日本米酒

设计师：迈克尔·阮

O SABOR DAS
FERIAS É ÚNICO.
LEVE-O PARA
CASA.
AIRMAIL
From/De:
CARIBE
To/Para:
PORTUGAL
BACARDI
Classic Cocktails
PIÑA
COLADA
FROM THE RUM WHICH
INSPIRED THE CREATION OF THE
CLASSIC PIÑA COLADA.
EXPERIENCE THE RICH CREAMY
PIÑA COLADA COCKTAIL PREPARED
WITH BACARDI SUPERIOR RUM,
PINEAPPLE AND COCONUT FLAVORS.
70 cl e
14.9% vol

百加得菠萝汁朗姆酒包装

这是我们为百加得菠萝汁朗姆酒（Bacardi Piña-colada）所设计的一款销售包装，是按照木制容器的形态结构所设计的；木制盖子上的文字信息，是通过丝网印刷技术加工而成的。可以将收件人的姓名直接书写在木盖上。

设计机构：穆萨工作实验室
国家：葡萄牙
客户：葡萄牙百加得马提尼
摄影师：穆萨工作实验室

穆萨限量版基础形状之水杯与蜡烛

这是豪尔赫·特林达德（Jorge Trindade）和若昂·塞科（João Seco）为穆萨工作实验室（Musa Work Lab）所打造的一款名为“基础形状”（Basic Shape）的限量版产品。彩陶水杯是用葡萄牙当地生产的原材料制造而成的，为了符合当今环保意识形态下的政策方针。其限量版的产品包装是为 2011 年里斯本摩登时尚盛典之夜而设计制造的。

设计机构：穆萨工作实验室
国家：葡萄牙
客户：穆萨工作实验室
摄影师：穆萨工作实验室

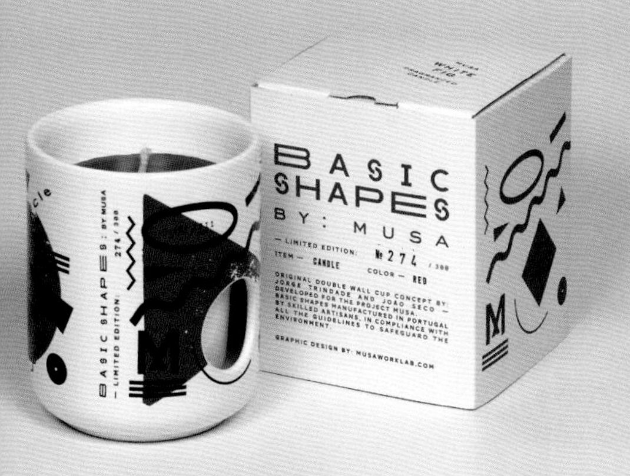

BASIC
SHAPES
BY: MUSA

(C) 2011, MUSAWORKLAB.

杰姆阿米戈斯

杰姆阿米戈斯（Cem Amigos，意为“一百个朋友”）是一款为纪念人与人之间真挚友谊而酿造的纯正葡萄酒，而为了突出该产品的核心理念，我们为其打造了一款具有时尚风格的品牌包装设计。如图所示，以层压铝箔形式印刷在标签上的数字 100，其中 0 字通过不同颜色将葡萄酒的口味进行分类；此外，该葡萄酒的品牌名称是利用 UV 固化油墨印在标签上的，它与其他元素所构成的整体风格，向成千上万的朋友表示了真诚的敬意。

设计机构：穆萨工作实验室
国家：葡萄牙
客户：Logowines 葡萄酒
摄影师：穆萨工作实验室

赫达德高档葡萄酒

赫达德高档葡萄酒（Herdade Grande Wines）品牌包装设计。

设计机构：穆萨工作实验室
国家：葡萄牙
客户：赫达德高档葡萄酒
摄影师：穆萨工作实验室

杜嘉班纳马提尼包装设计

这是为杜嘉班纳马提尼所打造的一款品牌包装设计，意在突出该葡萄酒的高贵，黑色光滑的酒瓶突出了绅士风度，而利用光泽材料制作的礼盒，使其尽显深沉高贵的气势。

设计机构：穆萨工作实验室
国家：葡萄牙
客户：葡萄牙百加得马提尼
摄影师：穆萨工作实验室

皇太子伏特加金色包装

这是为皇太子伏特加所打造的一款包装设计。

设计机构：穆萨工作实验室
国家：葡萄牙
客户：葡萄牙百加得马提尼
摄影师：穆萨工作实验室

塔特拉茶

这是羊皮纸工作室（Pergamen）为卡洛夫（Karloff）制造商的塔特拉（Tatra）酒精饮料所设计的一款新式品牌标签。由于时代变迁，卡洛夫公司急需对自己现有的品牌形象进行重新塑造，基于他们的要求，羊皮纸工作室对他们当前在市场中所使用的瓶子和标签展开了全新的设计。如图所示，这款设计主要涉及瓶形结构、商品标识、产品名称（该产品原名为“Tatranský čaj”，现已更改为“TATRATEA”）以及新的标语——“塔特拉山脉中心的生态之源”；瓶身的整体形状是按照塔特拉山脉度假区所使用的保温瓶结构设计的，而基于传统木雕和珠宝工艺所设计的“T”字符号，则使得瓶颈的轮廓结构显得十分清晰和美观；“T”字符号的视觉形态意在表现太阳，其图形元素象征着爱、幸福与繁衍等；简约而独特的色彩具有识别度。

设计师：尤拉伊·德莫维克、利维亚·略林茨措瓦、尤拉伊·旺托西克
国家：斯洛伐克
设计机构：羊皮纸工作室
创意总监：尤拉伊·德莫维克
客户：卡洛夫
摄影师：尤拉伊·德莫维克

奥斯特罗佐维奇酿酒厂

托考伊是位于匈牙利东北部的一座城镇，多年来一直以带有独特甜味和浓郁醇香的葡萄酒而闻名于世，匈牙利最为传统的酿酒方法就是起源于托考伊。我们羊皮纸工作室以“蝴蝶搜寻者”为主题对托考伊葡萄酒的品牌标签进行了创新式的塑造。如图所示，每一款葡萄酒都配有呈现欢快场景的水彩插画，而画面中姿态万千的蝴蝶形象，则唤醒了该葡萄酒所特有的一种天然味道与自然芳香；简约设计与空间留白隐喻了托考伊酿酒厂所具有的优雅宁静的氛围，五颜六色的蝴蝶画面也提升了该产品在市场当中的竞争力。

设计师：尤拉伊·德莫维克、利维亚·略林茨措瓦、尤拉伊·旺托西克
国家：斯洛伐克
设计机构：羊皮纸工作室
客户：托考伊葡萄酒
摄影师：尤拉伊·德莫维克

Jupík
S PŘÍCHUTÍ MALINY
S PRÍCHUŤOU MALINY
SPORT
VITAMÍNY
AQUA+
0.5L
B3
B9
B12
BEZ KONZERVANTŮ
BEZ KONZERVAČNÝCH LÁTOK
Jupík
S PŘÍCHUTÍ POMERANČE
S PRÍCHUŤOU POMARANČA
SPORT
VITAMÍNY
AQUA+
0.5L
B3
B9
B12
BEZ KONZERVANTŮ
BEZ KONZERVAČNÝCH LÁTOK
Jupík
S PŘÍCHUTÍ KIWI
S PRÍCHUŤOU KIWI
SPORT
VITAMÍNY
AQUA+
0.5L
B3
B9
B12
BEZ KONZERVANTŮ
BEZ KONZERVAČNÝCH LÁTOK

Jupík饮料

口福乐（Kofola）是中欧及东欧的一种无酒精饮料。该作品是羊皮纸工作室为口福乐 Jupík 品牌重新设计的一款儿童版包装。通过我们的设计，口福乐希望向广大的消费者传递这样一个信息——该饮料不含任何防腐剂和人工色素，是通过榨取低热量水果生产出来的天然饮料。这些信息在我们的新包装设计中充分反映了出来。

Jupík 是针对三岁至十岁儿童的一种饮料。包装插画中身着动物服装的儿童形象，邀请小朋友品尝饮料的水果口味，而这款以简约色彩所设计的产品包装，则明显与同类的竞争产品形成了差异。

Jupík Aqua 包装上形象生动的卡通动物让人遐想到了儿童故事书。

Jupík SPORT AQUA 旨在鼓励小朋友要努力成为聪慧的人，并在不断磨炼的道路上逐渐融入成年人的内心世界中。该产品标识的色调引人注目，使该产品在商店的货架上十分突出。

设计师：尤拉伊·德莫维克、利维亚·略林茨措瓦、里约·罗斯金、尤拉伊·旺托西克
国家：斯洛伐克
设计机构：羊皮纸工作室
创意总监：尤拉伊·德莫维克
客户：口福乐
摄影师：雅各布·德沃夏克

Jupík
AQUA
JAHODA
Jupík
AQUA
JABLKO
Jupík
AQUA
MELOUN / MELÓN

Jupík 饮料

设计师：尤拉伊・德莫维克、利维亚・略林茨措瓦、里约・罗斯金、尤拉伊・旺托西克

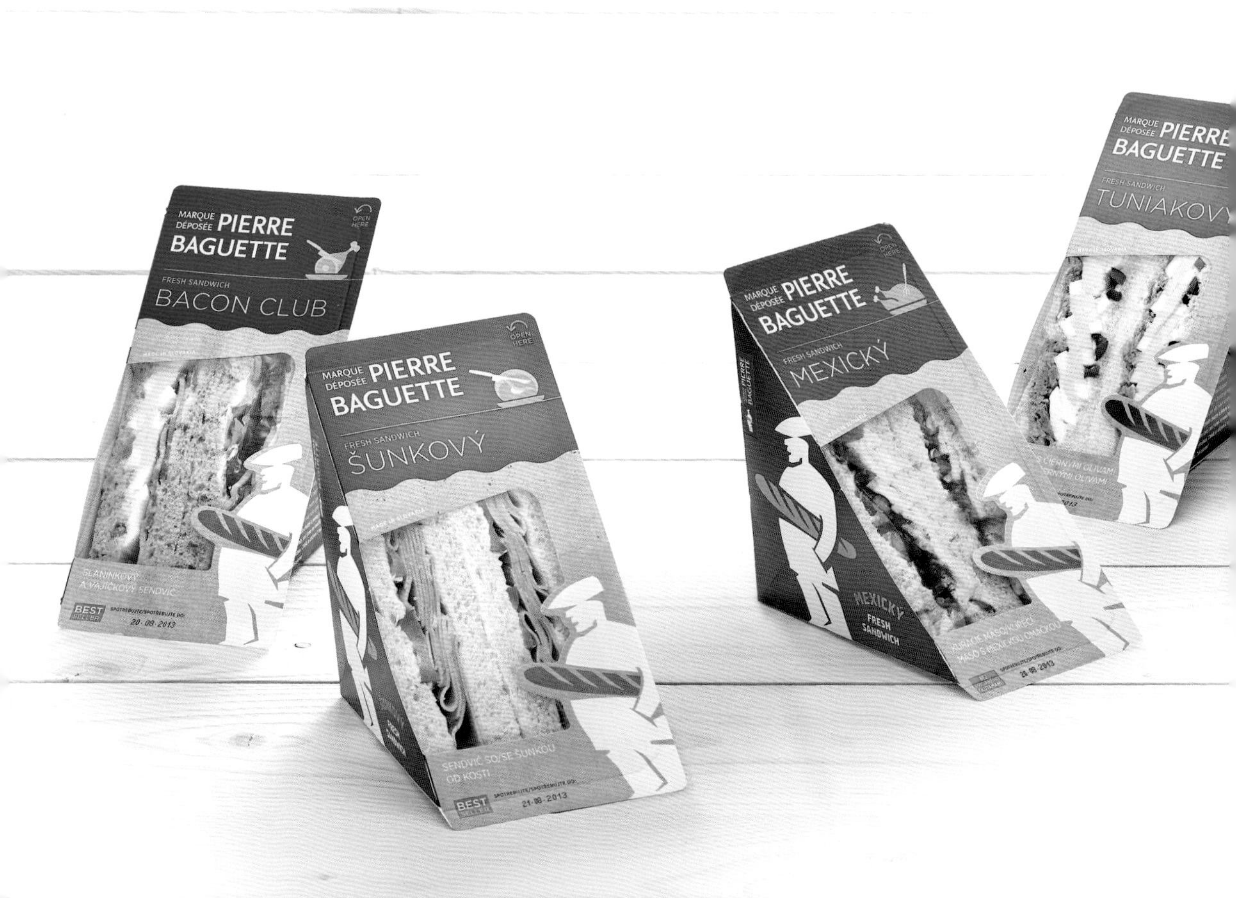

ŠUNKOVÝ
FRESH SANDWICH
BACON CLUB
FRESH SANDWICH
MEXICKÝ
FRESH SANDWICH
TUNIAKOVÝ
FRESH SANDWICH

皮埃尔法式长棍面包店——三明治与沙拉包装

为了将这种新式三明治推向市场，皮埃尔法式长棍面包店（Pierre Baguette）决定用纸质包装来替换他们目前所使用的塑料包装。新款三明治采用了新的烹饪配方和更丰富的食材，而对我们工作室来说，无疑是要突出该三明治的特色原料及美味食材。
如图所示，尤拉伊·旺托西克（Juraj Vontorcik）和杜赞·库特里克（Dusan Kutlik）用塑料透明窗口展示三明治。包装的一面有皮埃尔法式长棍面包店的商业标识及生产制造信息，背面则展示了一个卡通三明治。皮埃尔法式长棍面包店沙拉包装的设计，旨在满足几个特定的需求：（1）使标签能够更加吸引人；（2）能够使产品便于存放和放置餐叉；（3）容器的拱形结构能够使沙拉显得更为完整且节省材料成本。

设计师：尤拉伊·旺托西克、杜赞·库特里克
国家：斯洛伐克
设计机构：羊皮纸工作室
创意总监：尤拉伊·德莫维克
客户：Fekollini 面包商
摄影师：雅各布·德沃夏克

生蛋快乐

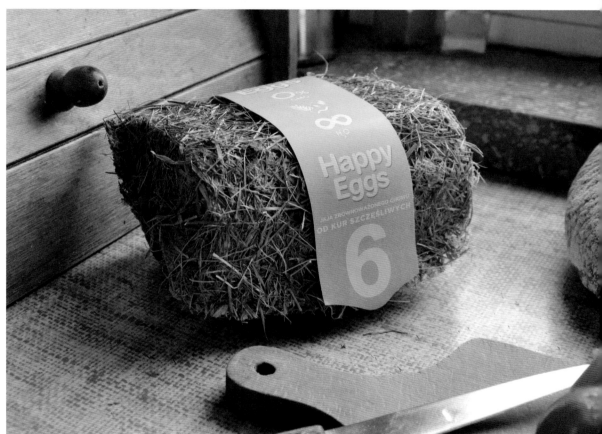

“生蛋快乐”（2013）是一个以干草为容器的鸡蛋包装，其创意概念来自鸡窝和自然栖息地。该设计兼容视觉语言和自然味道，干草（一种常被贬低和忽视的自然资源）在热压技术下形成了一个结实的载体；标签设计简约，契合那些有环境意识且注重产品质量的绿色消费者。干草是一种生长速度快且天然可再生的材料，因此利用干草为鸡蛋打造一款包装非常环保。如今，我们已经完全不需要再为修割旧式的草地而焦虑，越来越多的草地已被大型农场所替代，那些供食草动物生存的草原栖息地，也都成为了杂草丛生的林业区。收集干草来保持生态栖息地的平衡是十分必要的。

设计师：马扎·什切佩克
国家：波兰

Happy Eggs
0%
GMO
H_2O
Happy Eggs
OD KUR SZCZĘŚLIWYCH
4

Happy Eggs
6

生蛋快乐

设计师：马扎 · 什切佩克

Happy Eggs
0%
GMO
H_2O
Happy Eggs
JAJA ZRÓWNOWAŻONEGO CHOWU
OD KUR SZCZĘŚLIWYCH
4

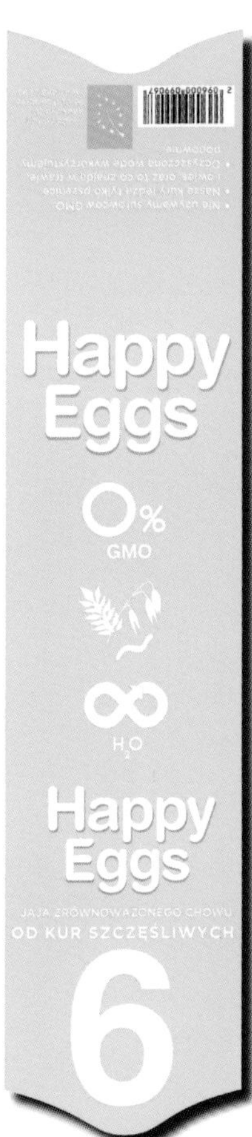
Happy Eggs
0%
GMO
H_2O
Happy Eggs
JAJA ZRÓWNOWAŻONEGO CHOWU
OD KUR SZCZĘŚLIWYCH
6

Happy Eggs
0%
GMO
H_2O
Happy Eggs
JAJA ZRÓWNOWAŻONEGO CHOWU
OD KUR SZCZĘŚLIWYCH
10

SPEZIAL
WIR RÖSTEN
MIT VERGNÜGEN
J.
HORNIG
ALLES BIO
BIO FAIRTRADE
Guten Gewissens besten Kaffee zu trinken, ist ein Genuss für sich. Darum schmeckt Bio FAIRTRADE von J. Hornig auch so gut. Um zu dieser Wirkung zu gelangen, werden zu 100 % Bohnen aus kontrolliert biologischem Anbau verwendet. Gehandelt nach den Regeln des FAIRTRADE-Gütesiegels, ausgewogen gemischt und in der Trommel geröstet, wird daraus ein Premium-Kaffee – intensiv-blumig im Aroma, komplex und kräftig im Geschmack.
FAIRTRADE
Ich habe einen Traum.
RÖSTKAFFEE
INHALT
RÖST STUFEN
MILD
FEIN
REICH
KRÄFTIG
INTENSIV
RÖSTKAFFEE ENTCOFFEINIERT GEMAHLEN
HIER ÖFFNEN
500 g
9 000312 018190
J.
HORNIG
J.
HORNIG
mit Vergnügen rösten
J.
HORNIG
mit Vergnügen rösten
J.
HORNIG
mit Vergnügen rösten

J. HORNIG 咖啡

一百多年来，J. HORNIG 一直在为奥地利提供最美味的咖啡。J. HORNIG 的确是奥地利十分受大众欢迎的咖啡品牌，但它曾一度陷入低谷。为了使 J. HORNIG 的传统活力迅速复苏，我们对其包装进行了塑造。该作品设计于 2013 年，其形象风格充分体现了 J. HORNIG 的品牌特色；包装上的图像与信息文本，展现了 J. HORNIG 在当代品牌设计形式下的传统与质量，而这些因素往往能够解释为什么人们对这款咖啡留有十分深刻的印象。

设计师：库尔特·格兰泽
国家：奥地利
艺术指导：库尔特·格兰泽
设计机构：Moodley 品牌设计工作室
客户：J. HORNIG 咖啡
摄影师：蒂娜·赖特尔、蒂娜·赫茨尔、亚斯明·舒勒

ENTCOFF
CIALDE
J.
HORNIG
ESPRESSO
CREME
CIALDE
J.
HORNIG
ESPRESSO CREME
INTENSO
CIALDE
J.
HORNIG
ALLES
ARABICA
CIALDE
J.
HORNIG

Das Leben
ist schnell
genug.

ENTCOFF
BREMER
J.
HORNIG
ESPRESSO
CREME
J.
HORNIG
ALLES
ARABICA
J.
HORNIG

J. HORNIG 咖啡

设计师：库尔特·格兰泽

Mit LIEBE
Gutes von Daheim
Ein Stückchen Heimat
Servus
Danke Schön!
DAS IST BEI UNS KEINE Hexerei!
GLOCKEN
FRÜHLINGS
Ein Gruß aus der Heimat

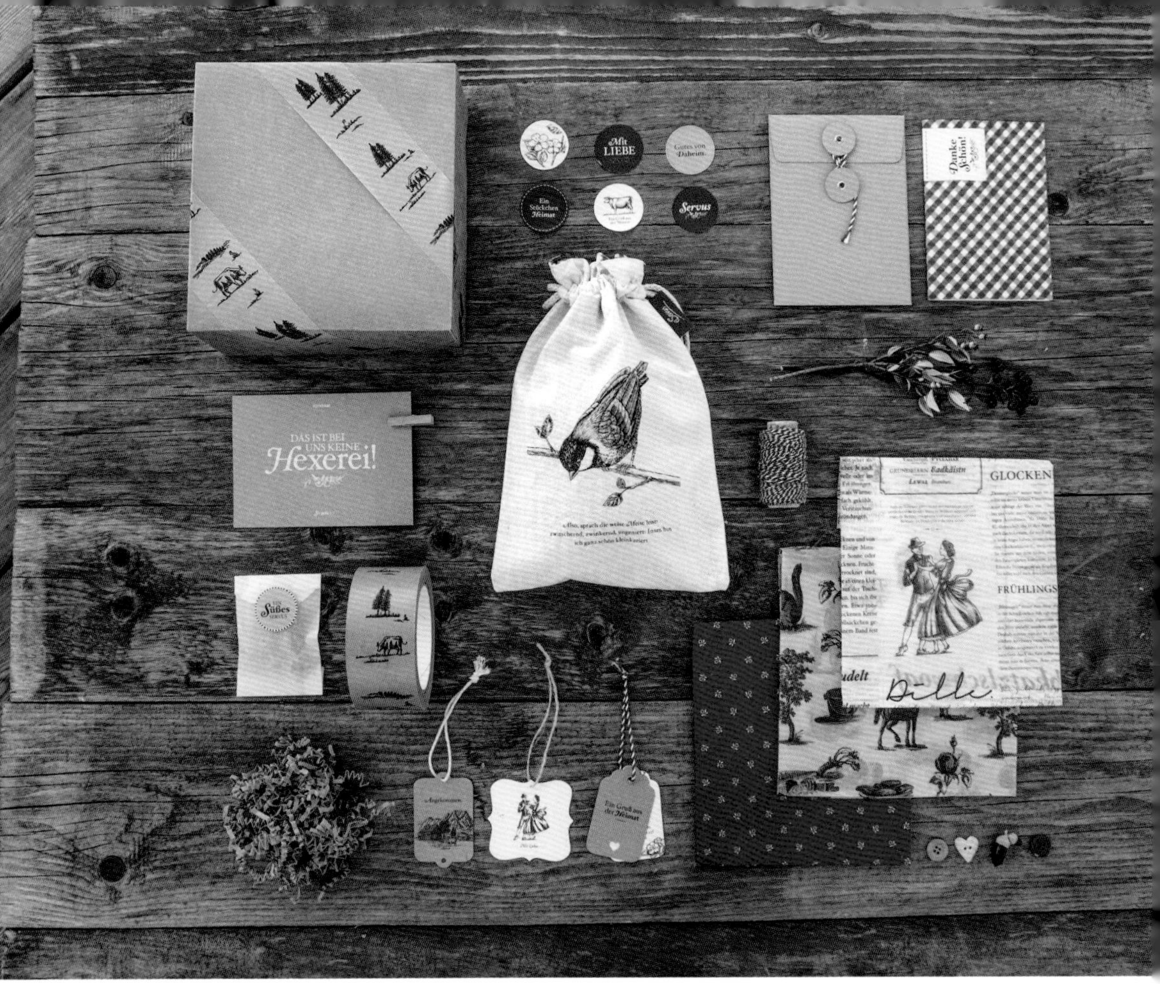

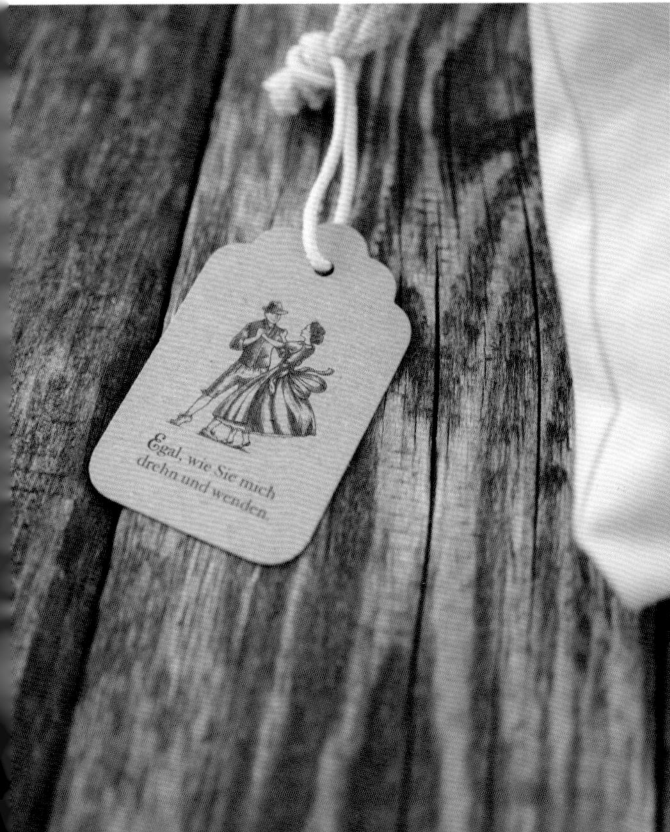

Egal, wie Sie mich drehn und wenden.

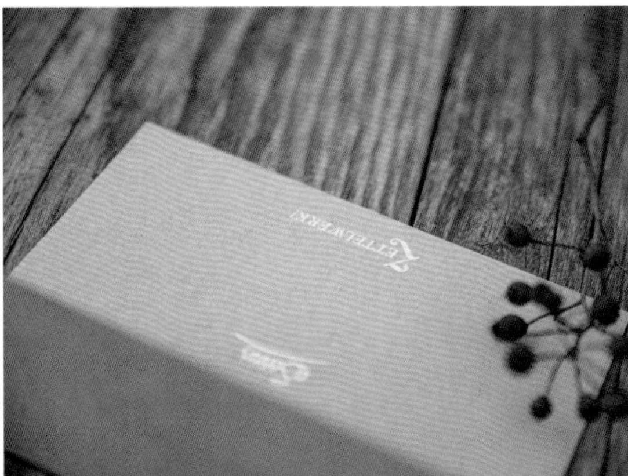

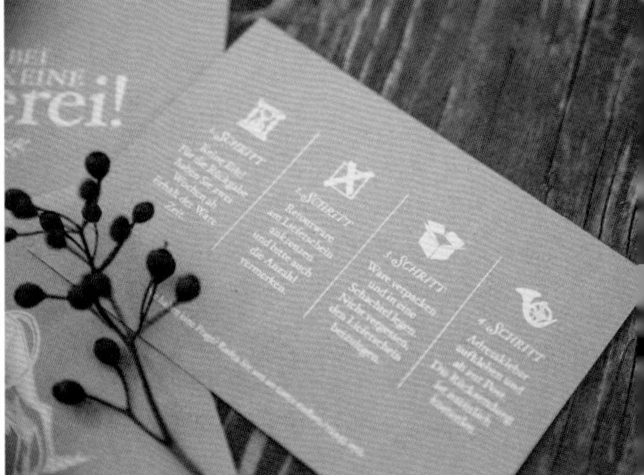

SERVUS AM MARKTPLATZ

这是奥地利的一家网络商店，其销售的工艺品既可以在网店中浏览，也可以到实体店中体验一番。如图所示，该网店的每一个产品都是以薄纸、布料和硬纸板来包装的，而这种高水平的包装形式，旨在保护这些高质量的产品。

设计师：萨宾·克恩贝格钱德勒、尼科尔·鲁奇切普拉诺娃
国家：奥地利
设计机构：Moodley 品牌设计工作室
艺术指导：萨宾·克恩贝格钱德勒、尼科尔·鲁奇切普拉诺娃
客户：红牛媒体工作室
摄影师：蒂娜·赖特尔

SERVUS AM MARKTPLATZ

设计师：萨宾・克恩贝格钱德勒、尼科尔・鲁奇切普拉诺娃

Alles Liebe!
Kürbis-Chutney
Servus
Ein Süßes Servus
das steirische
Kürbis kernöl
Steirer Kraft

Alles Liebe!
Danke Schön!
Ein Gruß aus der Heimat.

SERVUS AM MARKTPLATZ

设计师：萨宾・克恩贝格钱德勒、尼科尔・鲁奇切普拉诺娃

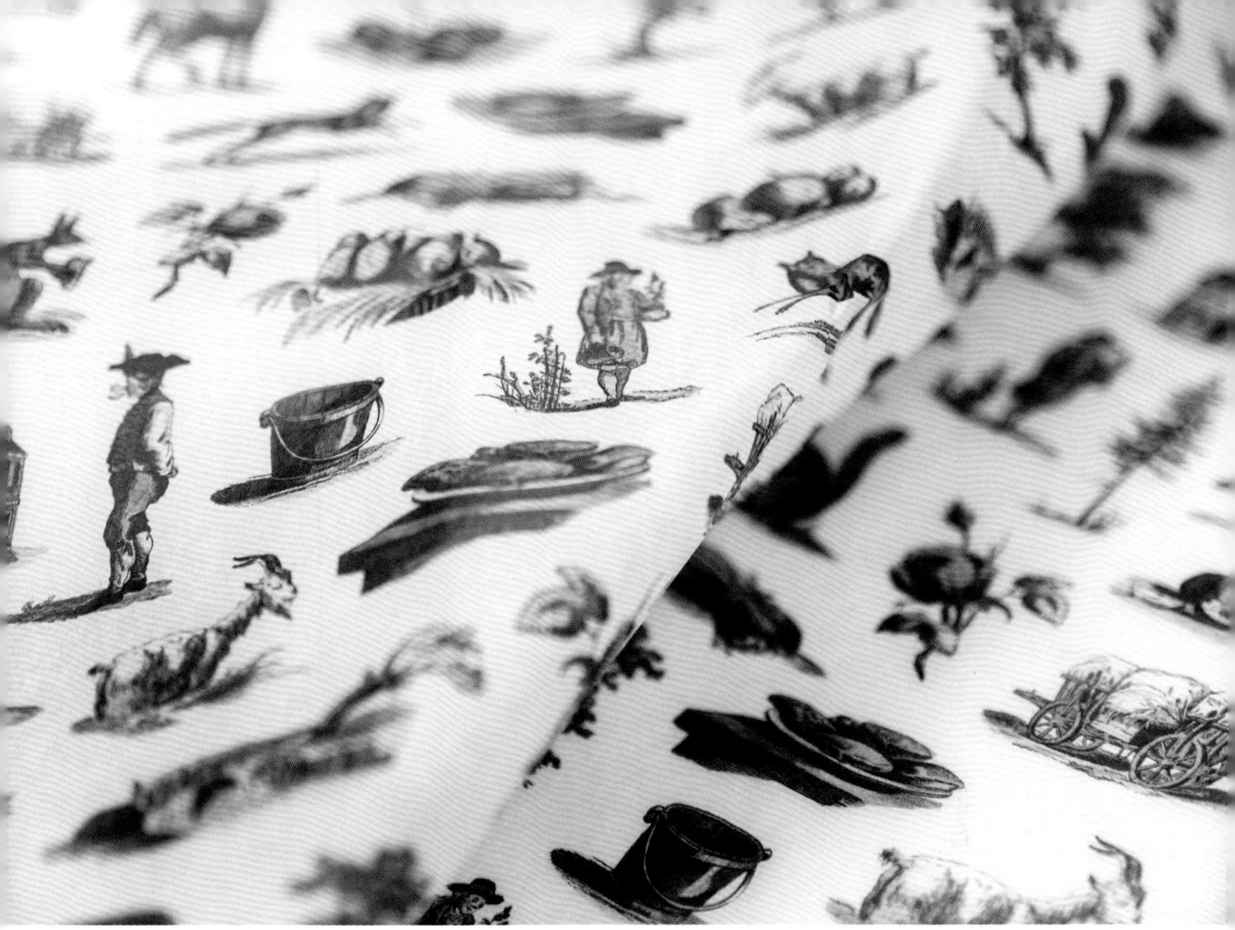

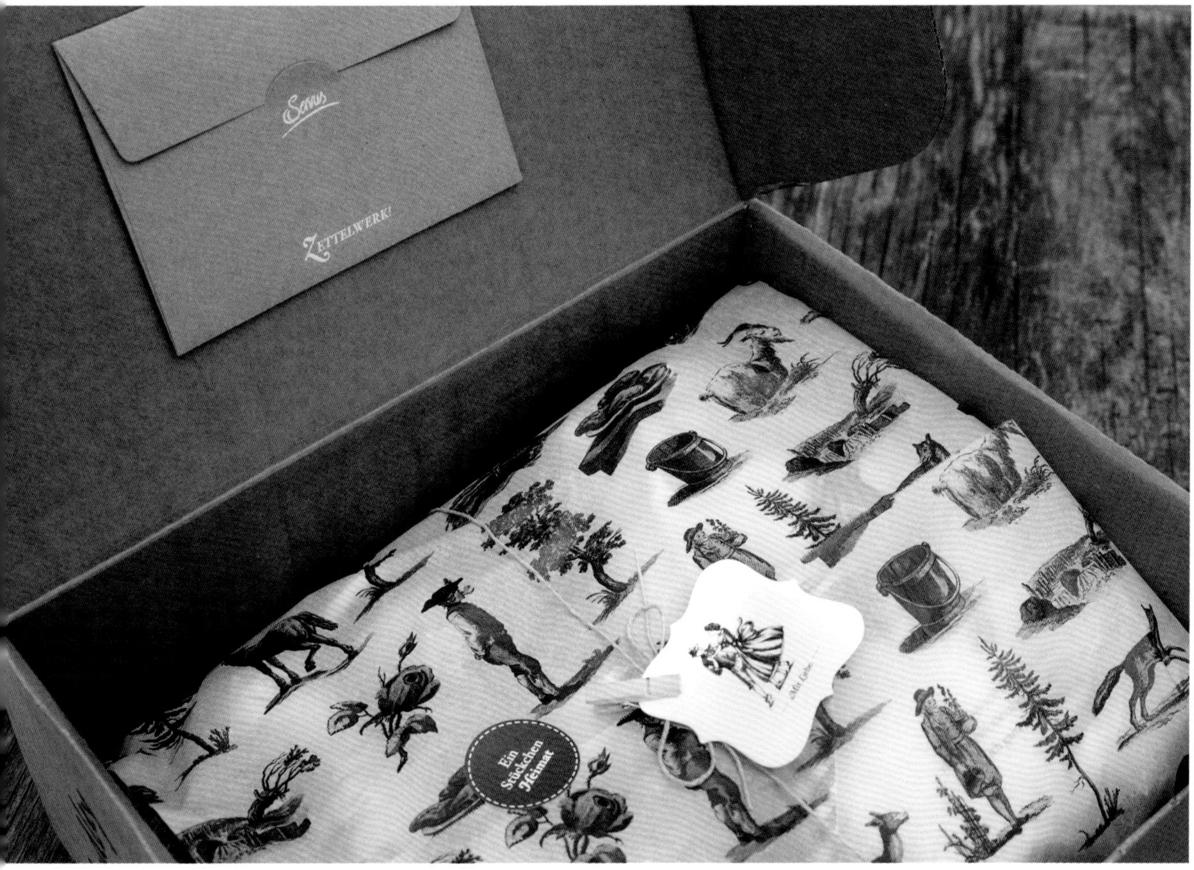
Servus
ZETTELWERK!
Ein Stückchen Heimat

GUTES
FÜR
DAHEIM.

Ein Gruß aus
der Heimat
Mit Liebe.
Angekommen.

SERVUS AM MARKTPLATZ

设计师：萨宾·克恩贝格钱德勒、尼科尔·鲁奇切普拉诺娃

Servus
Ein Gruß aus
der Heimat

甜蜜的时光

这款与众不同的、有趣而又富有创意的茶叶包装，是我从事设计以来做的第一个包装。如图所示，我将糖块和茶叶同时包装在了一个共有的盒子之中，而这种设计形式非常便于人们携带。该作品是我在 2012 年包装课程中所做的创意作业，指导老师为西尔万·阿拉德（Sylvain Allard）教授。

设计师：佩内洛普·圣西尔·罗比塔耶
国家：加拿大
创意总监：佩内洛普·圣西尔·罗比塔耶
设计总监：佩内洛普·圣西尔·罗比塔耶
摄影师：佩内洛普·圣西尔·罗比塔耶

SWEET
TIME
95°C
SWEET
TIME
4 min

SWEET
TIME

SWEET
TIME

SWEET
TIME

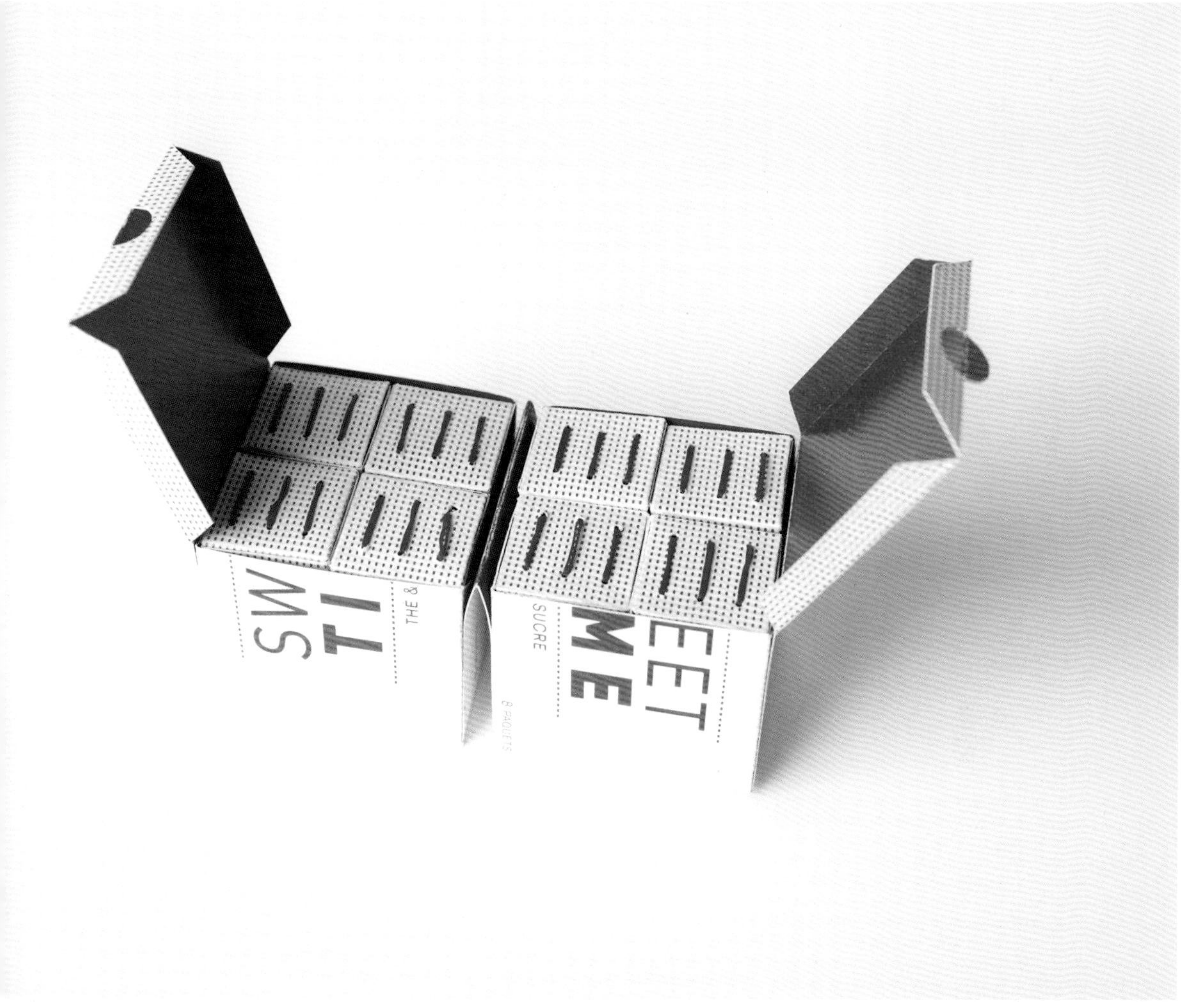

甜蜜的时光

设计师：佩内洛普・圣西尔・罗比塔耶

沃尔坎

这是我在攻读学士学位期间所设计的第二个包装作品。沃尔坎（Volkan）是一种强烈训练前后食用的健康食品。该产品不仅能够在进行训练之前为你补充能量，还可以帮助你在进行大量的运动之后，逐渐恢复体能和状态。该作品是我在 2012 年包装课程中所做的创意作业，指导老师为西尔万・阿拉德教授。

设计师：佩内洛普・圣西尔・罗比塔耶
国家：加拿大
创意总监：佩内洛普・圣西尔・罗比塔耶
设计总监：佩内洛普・圣西尔・罗比塔耶

VOLKAN
pomme / céréale
arachide / choco
VOLKAN
bleuet / vanille
amande / choco
VOLKAN
fraise / avoine
caramel / choco

沃尔坎

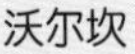

设计师：佩内洛普・圣西尔・罗比塔耶

VOLKAN
CAPSULE ÉNERGÉTIQUE
RÉCUPÉRATION MUSCULAIRE
> 250 CAL.
No. 2 > Riche en glucides, protéines et sels minéraux pour une bonne récupération musculaire après un effort physique intense.
caramel / choco
fraise / avoine

VOLKAN
CAPSULE ÉNERGÉTIQUE
FORCE PUISSANCE
> 240 CAL.
No. 1 > Riche en protéines et glucides mais très faible teneur en gras pour une bonne préparation à un effort physique de type puissance.
VOLKAN

Gluless 包装设计

Gluless 是为 Glutano 产品重新打造的一款品牌形象设计。在对该品牌体系展开了深度的调研之后，我们意在为其设计一款新潮的商标以及特定的包装；此外，为了能够更有效地吸引广大消费者的关注，我们也为其设计了一幅具有战略意义的招贴广告。

设计师：朱莉娅·赫尔曼、罗伯托·芬克
国家：德国
创意总监：朱莉娅·赫尔曼
设计总监：罗伯托·芬克
客户：Glutano
摄影师：朱莉娅·赫尔曼、罗伯托·芬克

Cuatro Almas / 软木塞设计

软木塞是消费者辨别一款好酒的重要参照之一，因为在检验一款葡萄酒的口味是否达标之时，他们必然会把软木塞从瓶口中拔出去来检验它的质量。该作品的设计出发点是为了加强该产品瓶身的典雅韵味，而葡萄酒里外包装的装饰元素越丰富，消费者就会越认同品牌的活力。

设计师：塞尔吉奥·丹尼尔·加西亚
国家：西班牙
设计机构：Grantipo 工作室
创意总监：塞尔吉奥·丹尼尔·加西亚
客户：索马洛酒庄（ Bodegas Señorío de Somalo ）
摄影师：莉莎·希门尼斯

De Mesa 葡萄酒

如果你计划脱离设计且廉价地生产一种葡萄酒的话，你认为该产品会成功地走向市场吗？正如您所看到的，我们利用了一系列富有个性的元素并点出了 De Mesa 葡萄酒的搭档，即主餐和甜点。所有的品牌标签都是以纤维素纸来印刷的。而我们的客户提托·希门尼斯·布拉沃之所以委托我们为该产品的包装进行设计，就是为了将他自己的葡萄酒销售到丰迈奥尔（拉里奥哈）的各个商业区。

设计师：塞尔吉奥·丹尼尔·加西亚
国家：西班牙
设计机构：Grantipo 工作室
创意总监：塞尔吉奥·丹尼尔·加西亚
客户：希门尼斯·布拉沃（ Jiménez Bravo ）
摄影师：莉莎·希门尼斯

Cuatro Almas / 黑板设计

当今社会极为复杂，而且局势也变得越来越变幻不定。基于这种想法，我们将第一款酒瓶打造成了一个引导消费者以图形模式来表达自己感知的载体，而且瓶子外部的包装留白，为消费者通过插画和文字来对伴侣表达情感创造了浪漫的条件。尤为特别的是，瓶子是以黑板式材料包装的，因此上面的粉笔图画和文字信息使用毛巾就能够轻轻擦掉了；附赠的多支彩色粉笔可供人们表现内在的个性。

设计师：塞尔吉奥・丹尼尔・加西亚
国家：西班牙
设计机构：Grantipo 工作室
创意总监：塞尔吉奥・丹尼尔・加西亚
客户：索马洛酒庄
摄影师：莉莎・希门尼斯

ALMAS
ALMAS
ALMAS
ALMAS
ALMAS

ALMAS

ALMAS

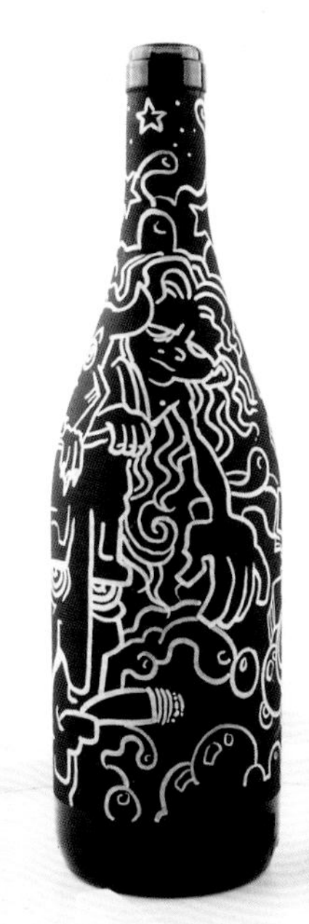

UNA
BUENA
COPA
ALMAS
UN
BUEN
VINO

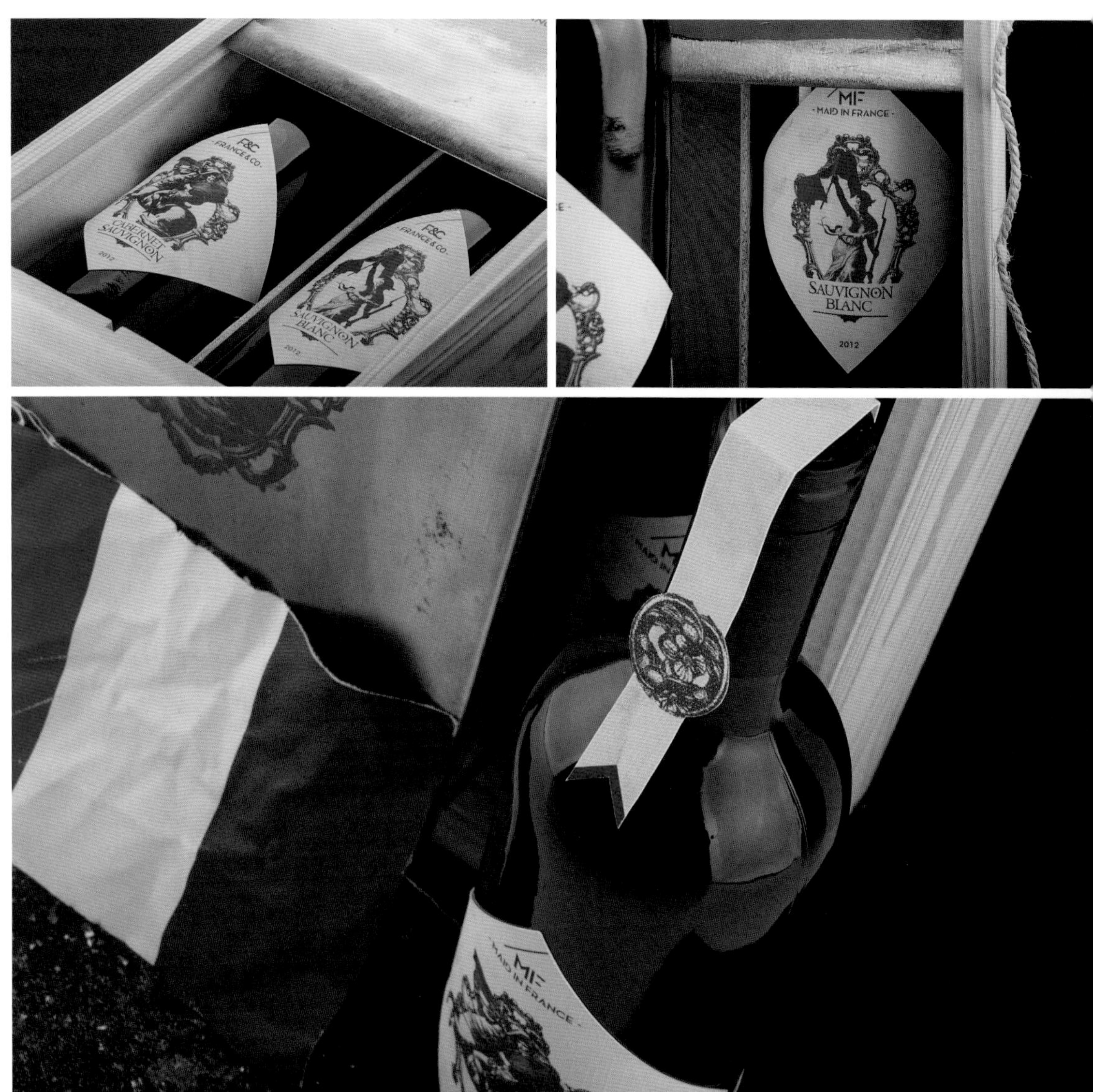

France&Co 葡萄酒

先王亡矣，新酒万代。这款葡萄酒的包装设计，是按照断头台的结构特征制作而成的，它的艺术风格带有强烈的讽刺性和诙谐的戏剧性。法国国旗的色彩组合意在
出该葡萄酒的形象特点，所选用纸的纹理结构是旨在模仿法国国旗的质感，而该葡萄酒的品牌标签则是简约与现代风格相结合。该作品由于其设计形式的新颖性，
选美国纽约的设计大展。

设计师：塞尔吉奥 · 丹尼尔 · 加西亚
国家：西班牙
设计机构：Grantipo 工作室
创意总监：塞尔吉奥 · 丹尼尔 · 加西亚
客户：France&Co 葡萄酒
摄影师：莉莎 · 希门尼斯

F&C
· FRANCE & CO ·
CABERNET
SAUVIGNON
2012

OAK 葡萄酒

该产品的酒瓶是用保护葡萄酒质量的木桶材料制作而成的。该设计并没有试图打破木桶所具有的那种可以防止酒精挥发的自然功能，相反，它旨在通过木桶来保证葡萄酒的质量。众所周知，葡萄酒在密闭空间的发酵程度与其在木桶中是截然不同的。该设计希望通过木桶的造型来将 OAK 葡萄酒推向更广阔的市场。

设计师：塞尔吉奥 · 丹尼尔 · 加西亚
国家：西班牙
设计机构：Grantipo 工作室
创意总监：塞尔吉奥 · 丹尼尔 · 加西亚、路易斯 · 蒙罗伊、哈维尔 · 卡拉斯科
客户：La Despensa 公司
摄影师：莉莎 · 希门尼斯

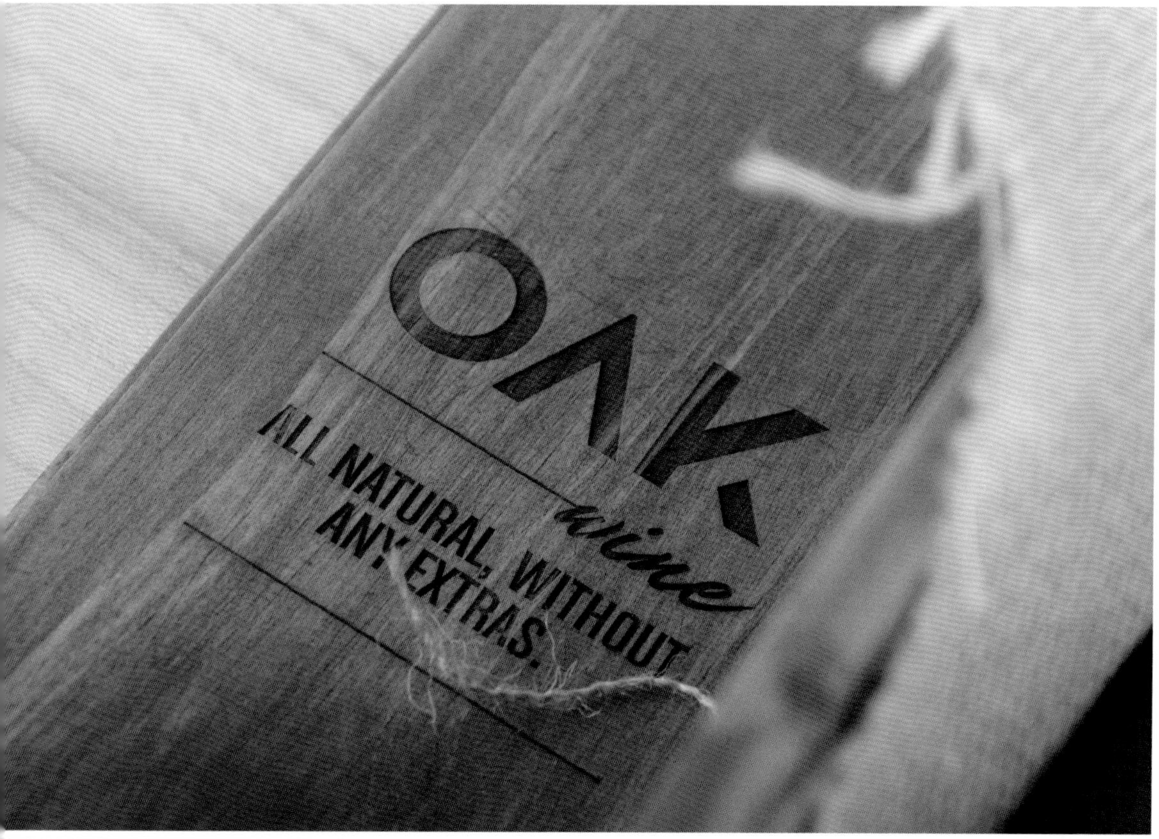
OAK
wine
ALL NATURAL, WITHOUT
ANY EXTRAS.

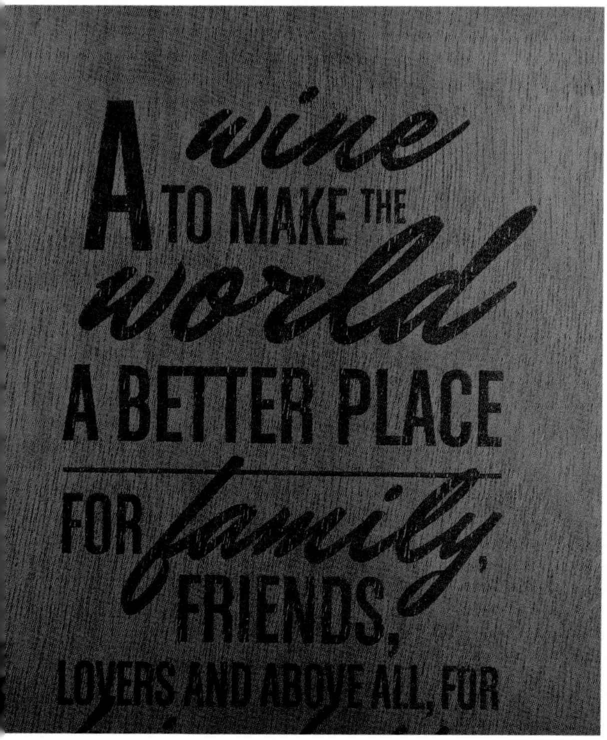
A wine
TO MAKE THE
world
A BETTER PLACE
FOR family,
FRIENDS,
LOVERS AND ABOVE ALL, FOR

O A K

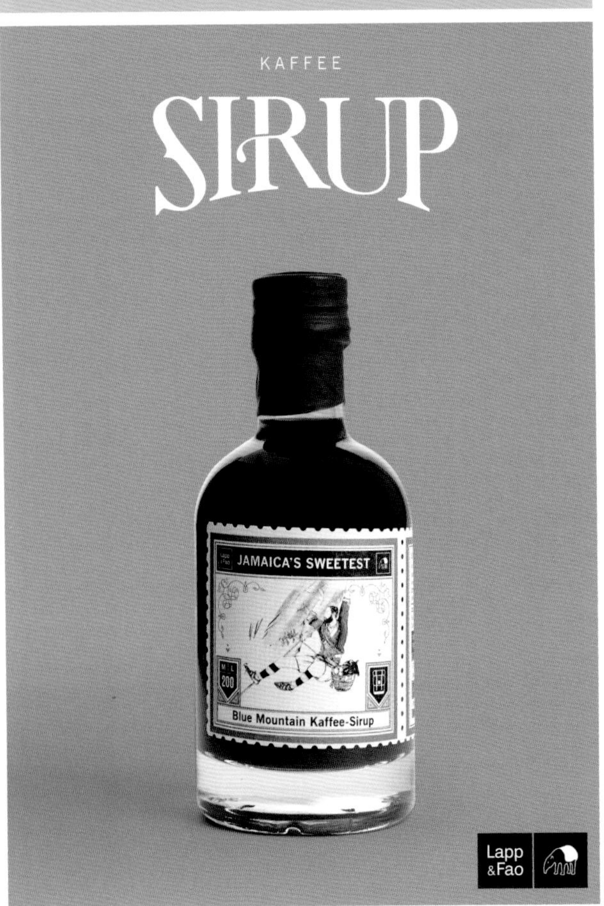

拉普 & 法奥糖浆

林瓦德·博·拉普（Linvard Bo Lapp）与其伙伴埃弗拉伊姆·法奥（Ephrai
Fao）的旅行故事是该作品需探索和发现的内容之一。而伴随着二人
路途中所探索到的灵感与原料，一款独特且甜蜜的糖浆便酿造而成了。
如图所示，拉普 & 法奥（Lapp & Fao）糖浆的包装创意主要体现在不
的邮票设计和旅行的视觉展示上，而该产品的每一种款式都是按照纪
品的规格量身打造的。

设计师：尼尔斯·R. 齐默尔曼、斯蒂芬·穆克内尔
国家：德国
设计机构：沙波工作室
创意总监：尼尔斯·R. 齐默尔曼、斯蒂芬·穆克内尔
客户：拉普 & 法奥
摄影师：安内格特·赫尔茨

ORANGEN

SIRUP

拉普 & 法奥——巧克力明信片，把爱寄回家

林瓦德·博·拉普和埃弗拉伊姆·法奥是两位世界美食主义者，而他们委托我们为其所设计的这套巧克力明信片，是为了将他们的情感传递回自己的家乡。这套手工艺制作的明信片将带你经历一场巧克力的探索之旅，而其中包裹的香甜巧克力，所用新鲜配料也体现了该产品的精致特点。拉普 & 法奥巧克力明信片是一款歌颂高品质巧克力的艺术作品，表达了其制造者对冒险所持有的一种热情与激情。

设计师：尼尔斯·R. 齐默尔曼、斯蒂芬·穆克内尔
国家：德国
设计机构：沙波工作室
创意总监：尼尔斯·R. 齐默尔曼、斯蒂芬·穆克内尔
客户：拉普 & 法奥
摄影师：安内格特·赫尔茨

Lapp & Fao
CONTINENTAL
HANDMADE
CHOCOLATE
Lapp & Fao
SENT HOME WITH LOVE
Rainbow Falls
Edelbitter Chocolade (60%)
mit Orange
80g
Made in Germany

Lapp & Fao
Rainbow Falls
INHALT
80g
SENT HOME WITH LOVE
From:
To:
WWW.LAPPANDFAO.COM
Rainbow Falls
Edelbitter Chocolade (60%) mit Orange
ZUTATEN: Kakaomasse; Zucker; Kakaobutter; Orangen Crispies (5,9%); Mandeln; Orangenblütenblätter (0,8%); natürliches Aroma (Vanille; Apfelsine); Emulgator (Sojalecithine).
Kann Spuren von Erdnüssen, Schalenfrüchten und Milchbestandteilen enthalten!
Bremer Feinkost GmbH & Co.KG | 28195 Bremen | Germany
DURCHSCHNITTLICHE NÄHRWERTANGABEN PRO 100 G:
Mindestens haltbar bis:
4 260072 388994
MIX
Papier
FSC
Lapp &Fao

Lapp & Fao
CONTINENTAL
HANDMADE
CHOCOLATE
Lapp & Fao
SENT HOME WITH LOVE
Flamingo Fields
Weiße Chocolade
mit rosa Pfeffer
80g
Made in Germany

Lapp & Fao
Flamingo Fields
INHALT
80g
SENT HOME WITH LOVE
From:
To:
WWW.LAPPANDFAO.COM
Flamingo Fields
Weiße Chocolade mit rosa Pfeffer
ZUTATEN: Zucker; Kakaobutter; Vollmilchpulver; Rosa Beeren (1,2%); Emulgator (Sojalecithine).
Kann Spuren von Erdnüssen und Schalenfrüchten enthalten!
Bremer Feinkost GmbH & Co.KG | 28195 Bremen | Germany
DURCHSCHNITTLICHE NÄHRWERTANGABEN PRO 100 G:
Mindestens haltbar bis:
4 260072 388987
MIX
Papier
FSC
Lapp &Fao

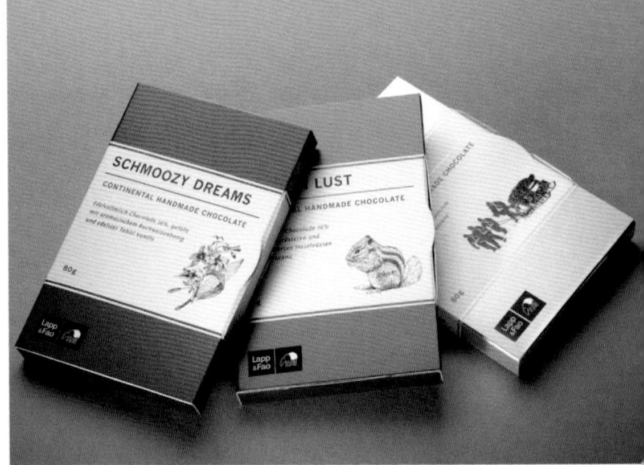

拉普 & 法奥——巧克力故事丛书

放眼世界去发掘遥远国家的甜美佳肴，是拉普和法奥在旅行过程中的主旋律，而他每一次漫长旅行之后记录下来的想法和经历，都成为了他们日后制作独特巧克力产创意灵感——巧克力故事丛书。丛书讲述了二人在旅行中所领会到的——每一块巧的味道都是一次难忘的记忆，正是由于他们在旅行中坚持记录，才使得我们在今天阅读到如此丰富的巧克力故事。

设计师：尼尔斯・R. 齐默尔曼、斯蒂芬・穆克内尔
国家：德国
设计机构：沙波工作室
创意总监：尼尔斯・R. 齐默尔曼、斯蒂芬・穆克内尔
客户：拉普 & 法奥
摄影师：约克・威茨曼

PLAIN MOUN
TENDER BLOS
OSCAR'S WEN
BONFIRE BAY
SCHMOOZY DR

Lapp &Fao
IX
X
XI
XII
XIII

AUTUMN LUST
SWEET PACIFIC FUSION
HILLY VESPA RIDE

贝莱兹尼——享受朴素就是享受奢华

贝莱兹尼（Bellezini）是一个非常了不起的家族，几代人都是意大利十分出色的马戏团表演者。几十年来，贝莱兹尼家族的女性成员却担当着不同的角色，她们的任务并不是去参加马戏表演，而是致力于为那些饥饿的人烹饪意大利最为传统的美味佳肴，例如她们最为拿手的优质 Sugos 意大利面和 Tagliolini 意大利面。热爱美食就意味着信任好的原料和好的技艺，而以简约的形式来打造最为优质的美食，则一直是贝莱兹尼家族所秉承的原则与理念。

设计师：尼尔斯·R. 齐默尔曼、斯蒂芬·穆克内尔
国家：德国
设计机构：沙波工作室
创意总监：尼尔斯·R. 齐默尔曼、斯蒂芬·穆克内尔
客户：布雷默食品店
摄影师：薇罗妮卡·福斯特曼

ORIGINALE d'ITALIA
DELIZIE ARTIGIANALE d'ITALIA
Bellezini®
Bellezini
BRUSCHETTA
DI POMODORI SECCHI IN OLIO
ANTIPASTI
ALL'ARRABBIATA
Bellezini
TO DI RUCOLA
Bellezini
TAGLIOLINI
AL LIMONE
TRAFILA DI BRONZO A FORO UNICO
250g

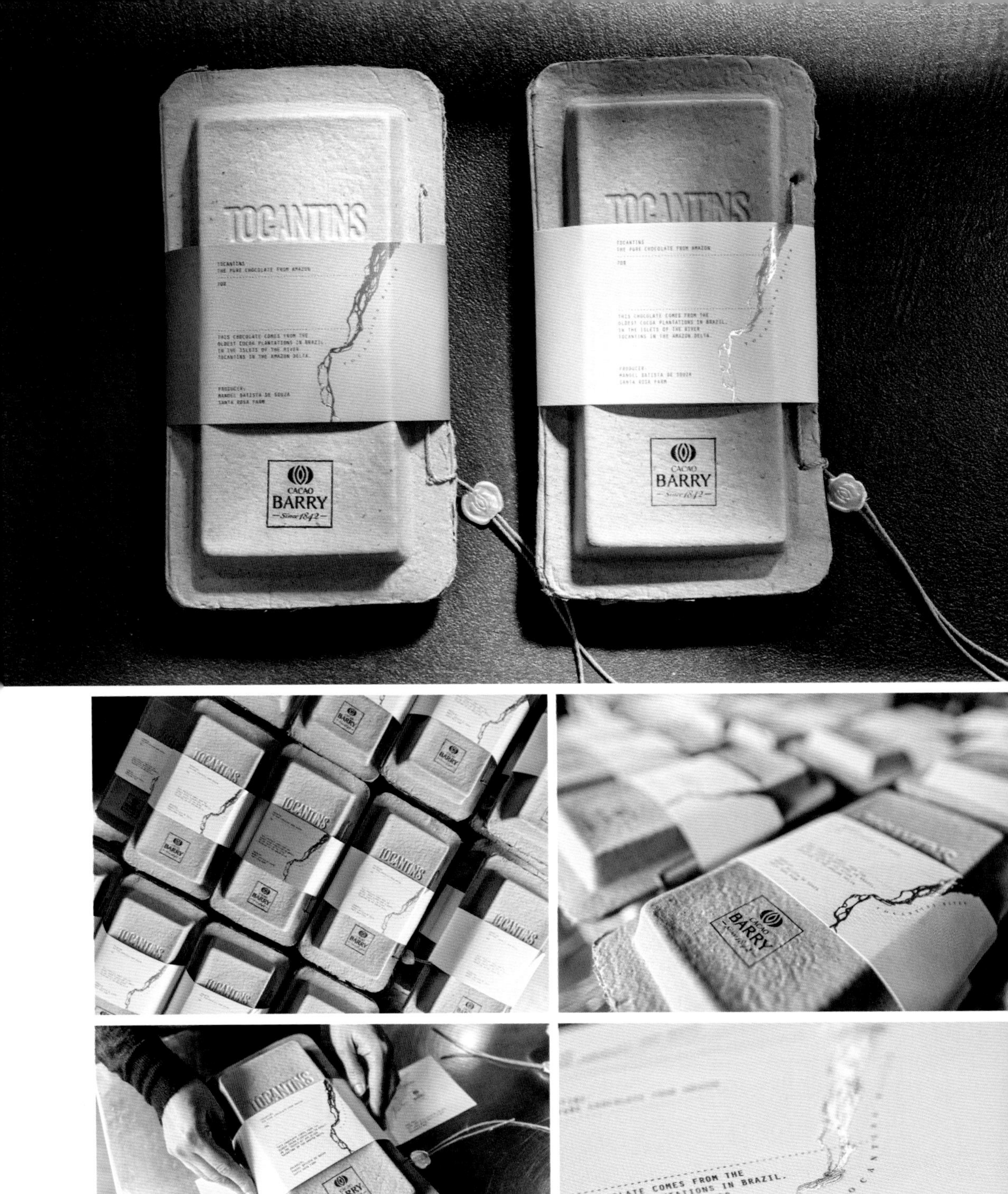

概念包装设计

托坎廷斯（Tocantins）是源于亚马孙河三角洲小型可可种植园的一种巧克力，十分珍贵，所以发行量有限，至今为止，只有被列为“全球 50 家最佳餐厅”的餐馆才拥有这种巧克力。如图所示，该产品是运用纸盒、细绳来包装，并用封蜡加以密封的，而这种设计旨在突显该产品遥远的起源和它独特的品牌活力。

设计师：泽维尔·卡斯特利斯
国家：西班牙
设计机构：动物园工作室
创意总监：杰勒德·卡尔姆
客户：可可百利（Cacao Barry）
摄影师：伊凡·拉加

PURE CHOCOLATE
CACAO
BARRY
Since 1842

促销包装

这是为促销 True Rum 朗姆酒所打造的一款概念包装设计。如图所示，这款促包装中不仅包含了新颖独特的巧克力硬币，还附加了由巧克力艺术家雷蒙·莫托（Ramon Morató）酿造的加勒比金朗姆酒。

设计师：泽维尔·卡斯特利斯
国家：西班牙
设计机构：动物园工作室
创意总监：杰勒德·卡尔姆
客户：True Rum 朗姆酒 | 雷蒙·莫拉托
摄影师：伊凡·拉加

Cinc Sentits 包装设计

这是为巴塞罗那“Cinc Sentits”餐厅所打造的一款包装设计。

设计师：泽维尔·卡斯特利斯
国家：西班牙
设计机构：动物园工作室
创意总监：杰勒德·卡尔姆
客户：Cinc Sentits 餐厅
摄影师：霍尔迪·维拉

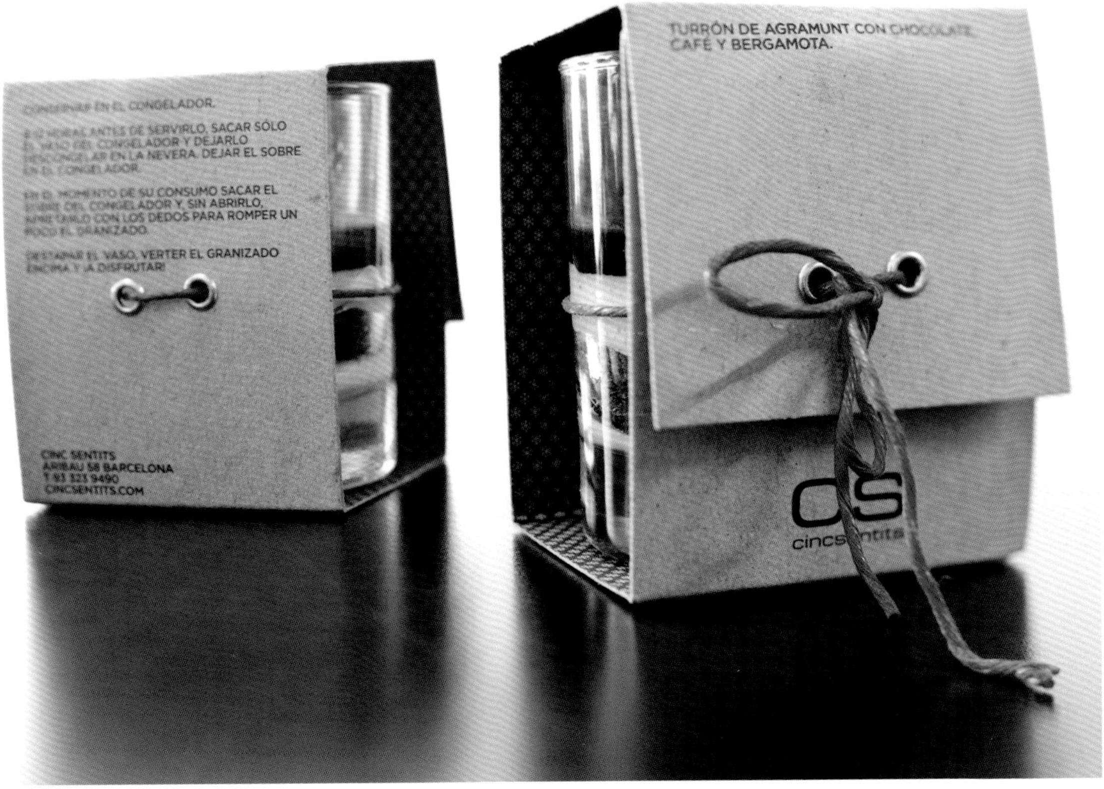

TURRÓN DE AGRAMUNT CON CHOCOLATE,
CAFÉ Y BERGAMOTA.
CINC SENTITS
ARIBAU 58 BARCELONA
T 93 323 9490
CINCSENTITS.COM
CS
cincsentits

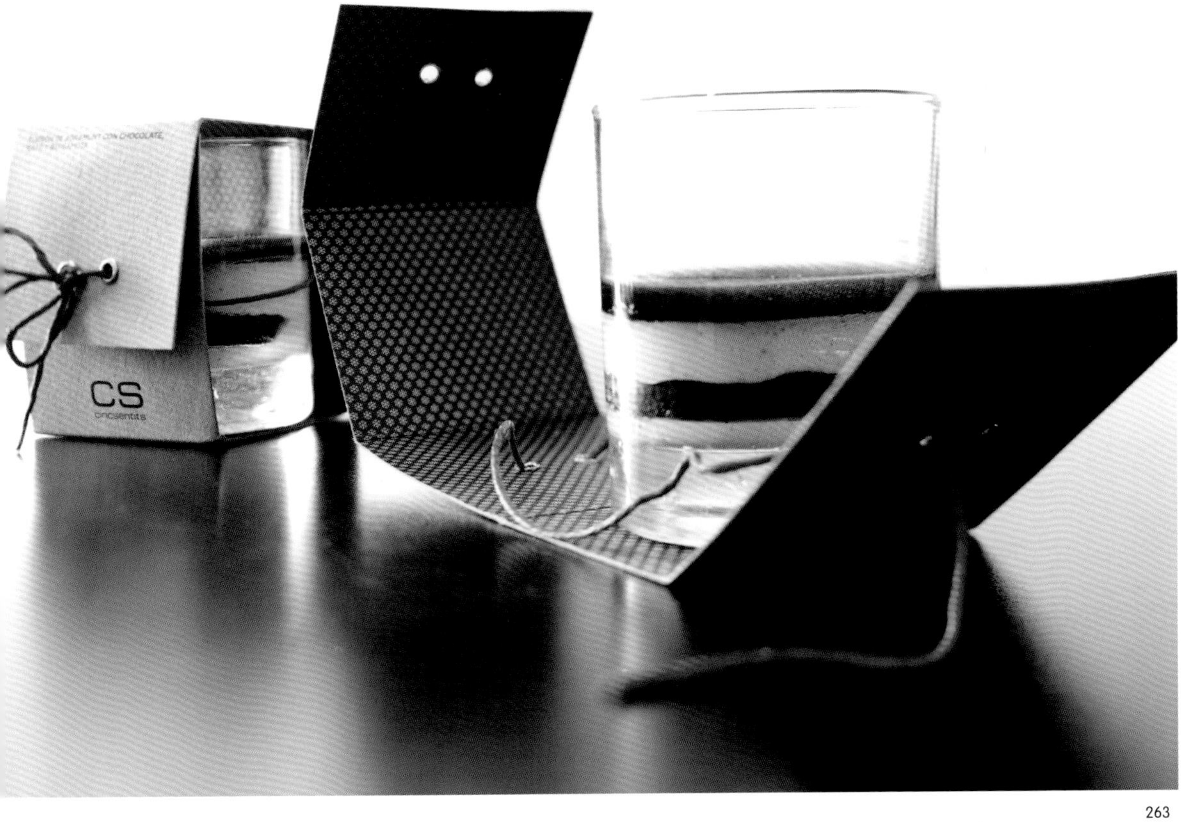

Siri Sriracha 调味酱

这是为 Siri Sriracha 调味酱所制作的一款包装设计。如图所示，该设计为每一个锡罐都赋予了一层色彩多样的包装纹样，而这些图案元素也鲜明地体现了每一种调味酱所含有的原料要素，如柠檬草、罗勒和生姜等。Siri Sriracha 是一种味道独特的香辣酱，选择形态如同汽油锡罐的包装就是为了隐喻香辣酱所具有的那种火辣口感。

设计师：安德烈·莫雷拉
国家：西班牙
客户：卡迈克尔（Charmichael）

CARMICHAEL FOODS LLC
-SiRi-
SRiRACHA
Sauce
LEMON GRASS
CHILI HOT
SAUCE

CARMICHAEL FOODS LLC
-SiRi-
SRiRACHA
Sauce
ORIGINAL
CHILI HOT
SAUCE

331
FINEST
RON DRAPER
AD RUM

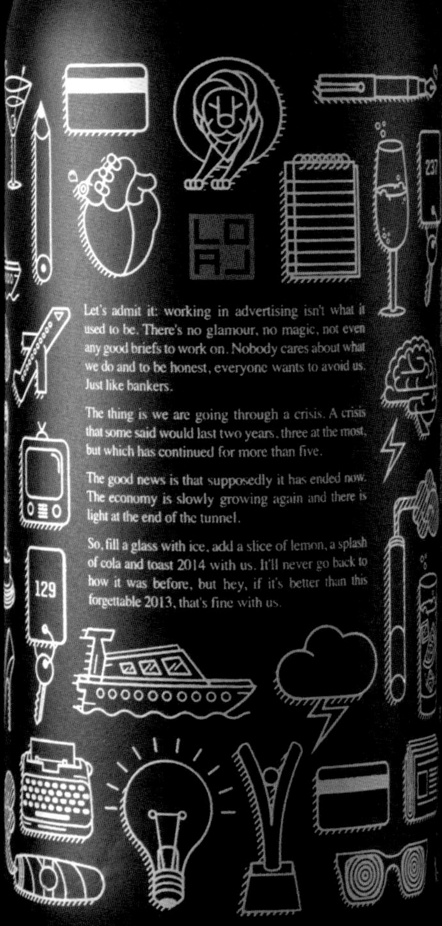
Let's admit it: working in advertising isn't what it used to be. There's no glamour, no magic, not even any good briefs to work on. Nobody cares about what we do and to be honest, everyone wants to avoid us. Just like bankers.
The thing is we are going through a crisis. A crisis that some said would last two years, three at the most, but which has continued for more than five.
The good news is that supposedly it has ended now. The economy is slowly growing again and there is light at the end of the tunnel.
So, fill a glass with ice, add a slice of lemon, a splash of cola and toast 2014 with us. It'll never go back to how it was before, but hey, if it's better than this forgettable 2013, that's fine with us.
129

恩德拉佩朗姆酒广告包装

13 年是广告行业最为艰辛的时期，很多广告商不仅没有获得什么利，他们的作品也很少能够赢得相应的奖项。圣诞节的钟声意味着新一年即将来临，在这样一个感恩且合家团圆的日子里，我们真诚地所有的广告同行祝福，祝福他们可以在这样一个宁静的夜晚享受到们赠予他们的最好的礼物——罗恩德拉佩朗姆酒（Ron Draper）。对姆酒（西班牙语读为"ron"）进行设计已不再是一个创新的切入点，客户几乎从来不会对这样一个项目感到厌烦和抵触，朗姆酒未来的发肯定会越来越好。如图所示，该产品黑、白、金的三色组合，代表我们对先前工业发展时期的追溯与尊重，而瓶体包装上的简约图标，映射了广告业的历史与辉煌。总之，罗恩德拉佩朗姆酒并不是意在突广告狂人所具有的那种思想形态，相反，该设计旨在借助朗姆酒业良的发展趋势来表现广告行业所拥有的那段黄金岁月。

计师：安德烈·莫雷拉
家：西班牙
计机构：Lola/ Lowe + partners
意总监：弗朗西斯科·卡西斯
影师：豪尔赫·克鲁克、埃斯图迪奥斯·拉努纳
作：玛丽·吉洛

尼拉

尼拉（nilla）是一种咖啡香草甜味料。

设计师：朱利安・何安科夫、康斯坦丁・达兹
国家：德国

Off.

“Off.”是阿拉（Arla）食品公司的一款酪乳饮料。“Off.”一词在该作品中的含义为“对立”、“离线”和“拔掉”，即抽出一点时间去补充自己的能量，是“Off.”。

设计师：朱利安・何安科夫
国家：德国

BUTTERMILCH
EST. & 2011
ECHTE VANILLE
Arla
off.
GET OFF & GET DOWN
0,15l ℮
ARLA OFF
WIRKT BERUHIGEND
UND STÄRKEND
ENTHÄLT
WERTVOLLE NÄHRSTOFFE
BEI WENIG FETT
DURCHSCHNITTLICHE
NÄHRSTOFFE
Arla

BUTTERMILCH
EST. &
ECHTE VANILLE

BUTTERMILCH
EST. & 2011
ECHTE VANILLE

Arla
off.
GET OFF & GET DOWN

0,15l ℮

ARLA OFF
WIRKT BERUHIGEND
UND STÄRKEND
+
ENTHÄLT
WERTVOLLE NÄHRSTOFFE
BEI WENIG FETT

DURCHSCHNITTLICHE
NÄHRSTOFFE
BEI +8°C MIND. HALTBAR BIS:
SIEHE BODEN
Arla
ARLAFOODS.DE

LOLA & ME

这是为 LOLA & ME 品牌的宝宝尿不湿、棉球及其他卫生用品所制作的创意包装设计。

设计师：利・萨阿德
国家：以色列
设计机构：Luckybox 工作室
创意总监：利・萨阿德
客户：LOLA & ME

Tali's

Tali's 品牌包装设计，包括盒子、瓶子和胶带等。

设计师：利 · 萨阿德
国家：以色列
设计机构：Luckybox 工作室
创意总监：利 · 萨阿德

语言游戏，语言学习

设计机构：阿梅隆设计股份有限公司
国家：德国
创意总监：乔纳森·斯文·阿梅隆
编辑：艾丽西娅·玛丽察·阿梅隆
客户：Lingua Simplex 游戏
插画设计：安吉拉·维特森

Lingua Simplex
pairs game for
italian
Learning
Lingua Simplex
pairs game for
german
Learning
Lingua Simplex
pairs game for
french
Learning
Lingua Simplex
pairs game for
spanish
Learning
Lingua Simplex
pairs game for
english
Learning

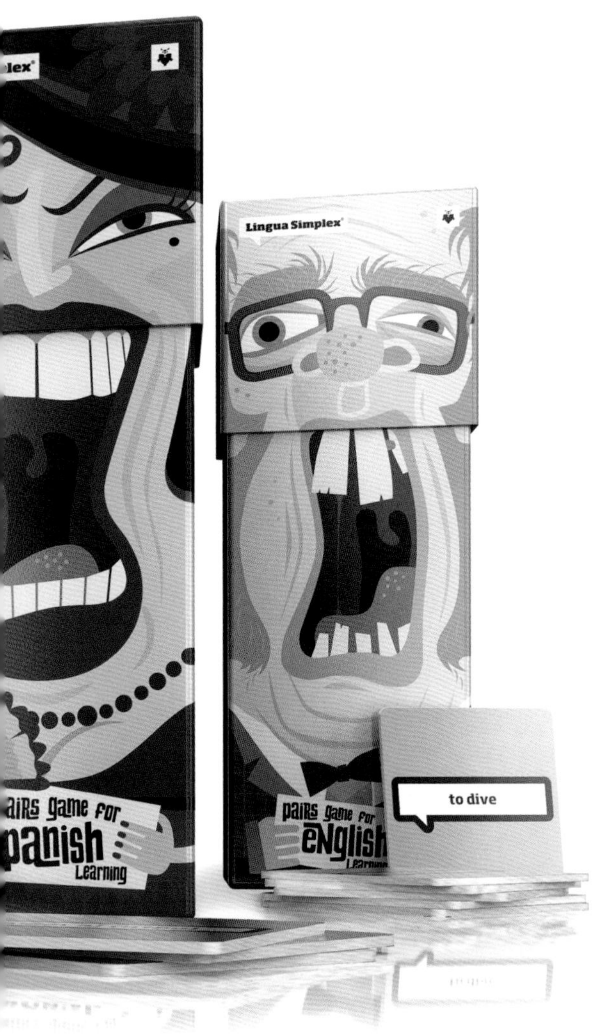
Lingua Simplex
pairs game for
english
to dive

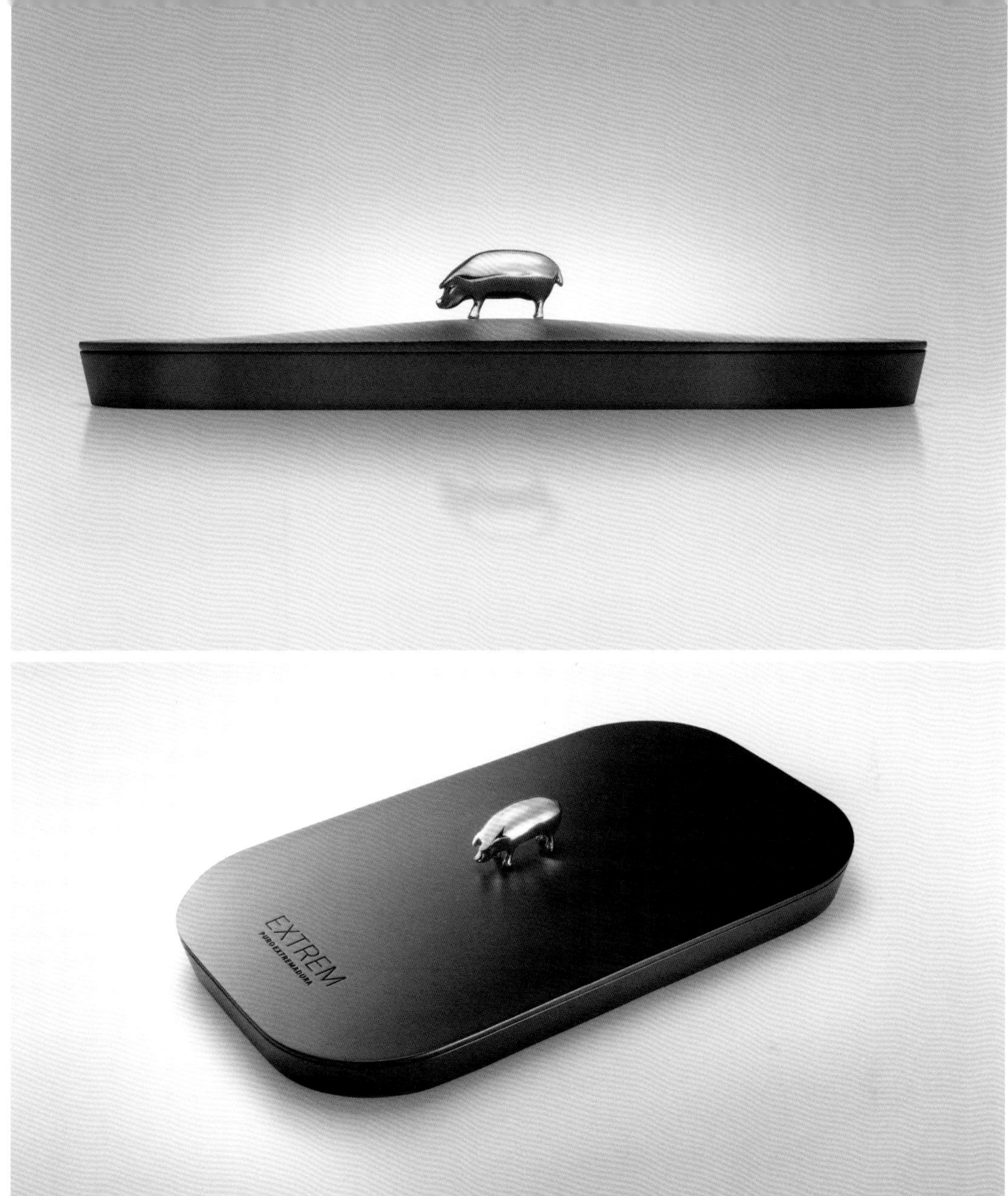

高端奢华

基于在优质火腿生产行业中的多年经验，西班牙多元农业（Agriculturas Diversas）公司推出了一款伊比利亚新式精华火腿，而为了使其能够以一种礼物的规格呈现在美食商店的柜台上，设计一款精致典雅的包装是十分必要的。正如您所看到的，我们设计的这个作品，亚黑色的盒子与金猪把手形成了一种鲜明的对比，精致托盘形式的包装，则以一种安静典雅的姿态向消费者呈现了一块新鲜美味的伊比利亚火腿。

设计师：拉维尼娅 & 西恩富戈斯
国家：西班牙
设计机构：拉维尼娅 & 西恩富戈斯
创意总监：纳舒・拉维尼娅、阿尔贝托・西恩富戈斯
客户：多元农业

瓦伦西亚葡萄酒

葡萄酒往往是葡萄与时间发生化学反应的产物，一方面葡萄需要伴随着时间的滋润而走向成熟，另一方面，葡萄酒酿制的时间周期也是难以预测的。如图所示，瓦伦西亚葡萄酒（Vegamar Selección）的品牌形象是通过葡萄叶与时光流逝概念相结合的体现，葡萄叶在自然干透的过程中呈现卷缩的形态，而这种独特的视觉艺术，则十分类似葡萄酒酿造的过程。这些单色图片元素也随之被应用到了该品牌的起泡酒和橄榄油等各种产品标签之中。

设计师：拉维尼娅 & 西恩富戈斯
国家：西班牙
设计机构：拉维尼娅 & 西恩富戈斯
创意总监：纳舒 · 拉维尼娅、阿尔贝托 · 西恩富戈斯
客户：瓦伦西亚葡萄酒

VEGAMAR
SELECCIÓN

VEGAMAR
SELECCIÓN

ACEITE DE OLIVA VIRGEN EXTRA
VEGAMAR
SELECCIÓN

VEGAMAR
BLANCO 2006
VINO DE AUTOR
VEGAMAR
RESERVA 2006
VINO DE AUTOR
VEGAMAR
CRIANZA 2007
VINO DE AUTOR

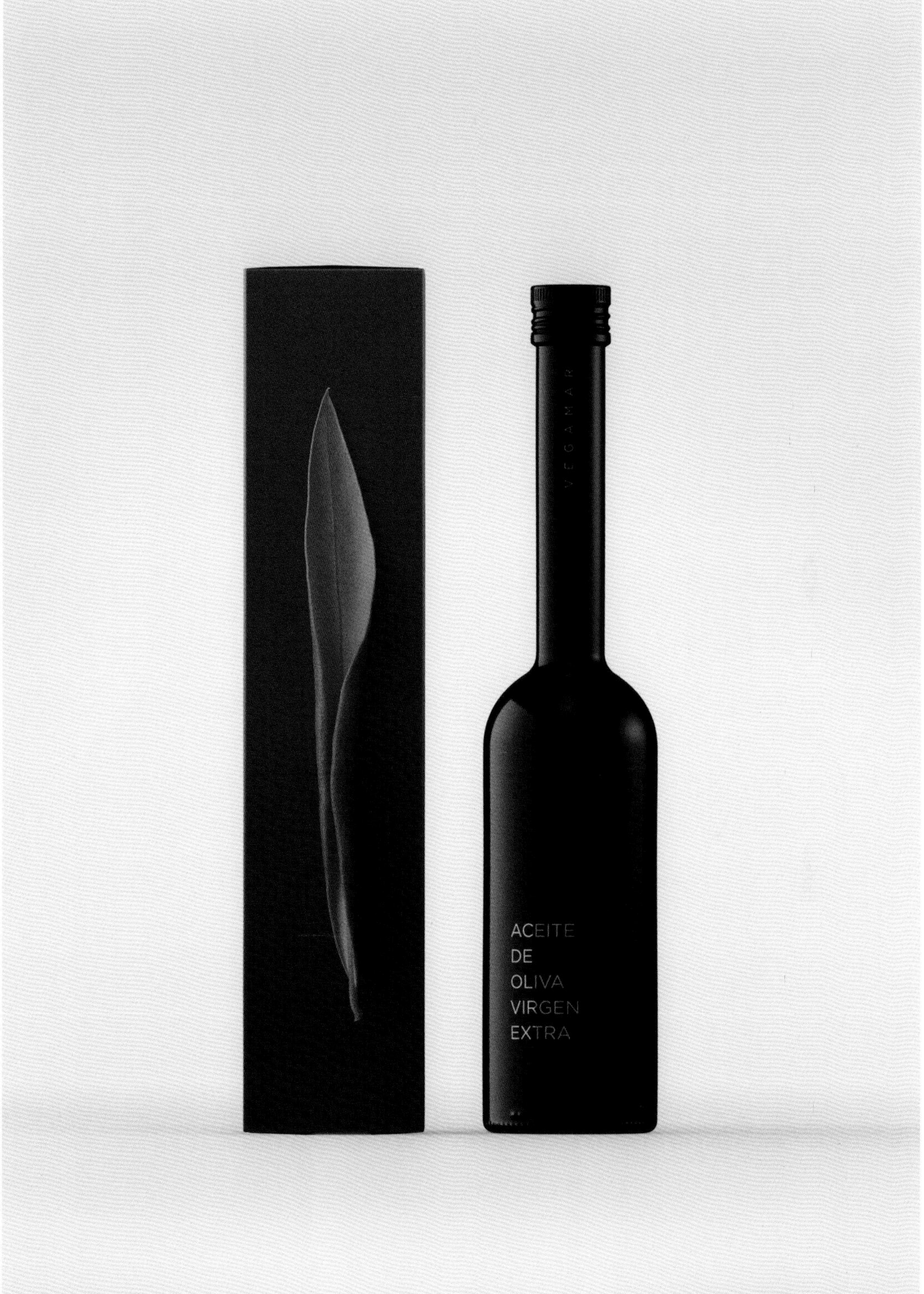

瓦伦西亚葡萄酒

设计师：拉维尼娅 & 西恩富戈斯

葡萄酒世界

“葡萄酒世界”（Wines of the World）是比利时超级市场连锁店Delhaize在其“365”品牌（该品牌系列主要销售较为廉价的日用产品）内推出的一款新产品。如图所示，标签上软木塞的形象体现了一种拟人化的设计风格，而这种元素看似老套，实际却能够以一种卡通效果来体现该葡萄酒趣味幽默的精神品质；软木塞是葡萄酒瓶必不可少的典型要素，为其添加一系列与众不同的帽子，则能赋予它们丰富的个性品质。每一个标签上的形象都代表着不同的主题，每一个主题也都对应一种红酒的产地。

设计师：拉维尼娅 & 西恩富戈斯
国家：西班牙
设计机构：拉维尼娅 & 西恩富戈斯
创意总监：纳舒·拉维尼娅、阿尔贝托·西恩富戈斯
客户：Delhaize

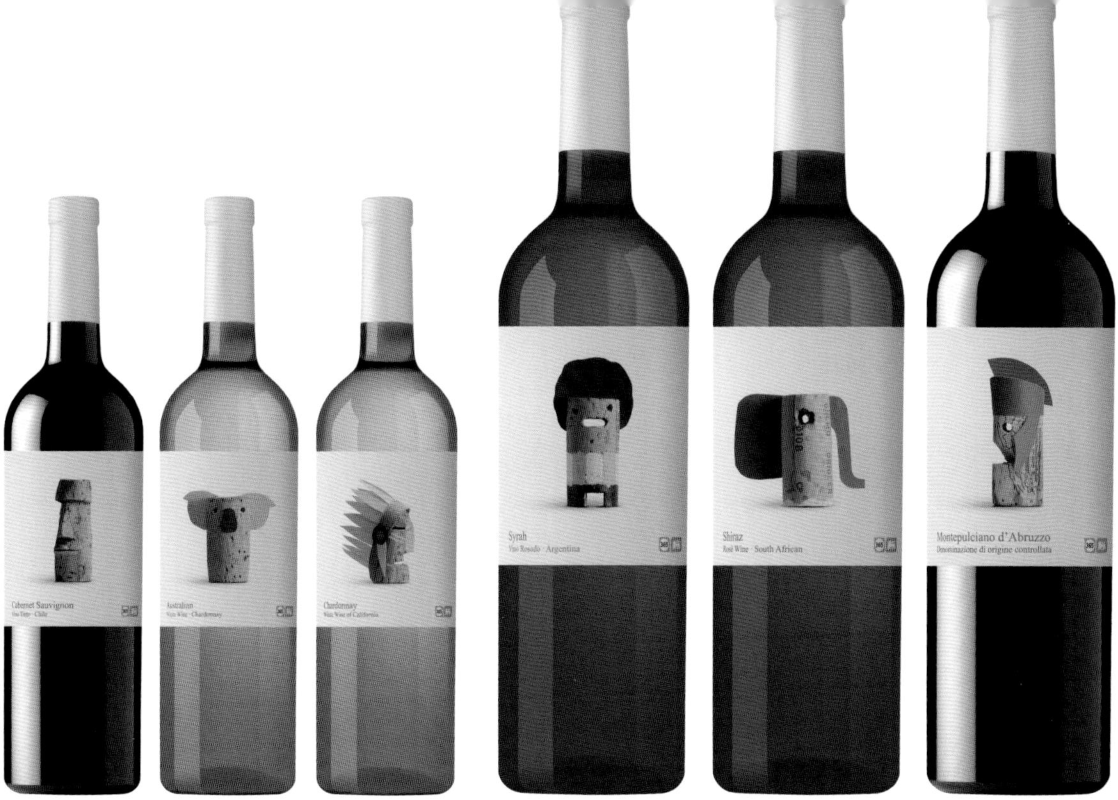

Cabernet Sauvignon
Vino Tinto · Chile
Australian
Chardonnay
Syrah
Vino Rosado · Argentina
Shiraz
Rosé Wine · South African
Montepulciano d'Abruzzo
Denominazione di origine controllata

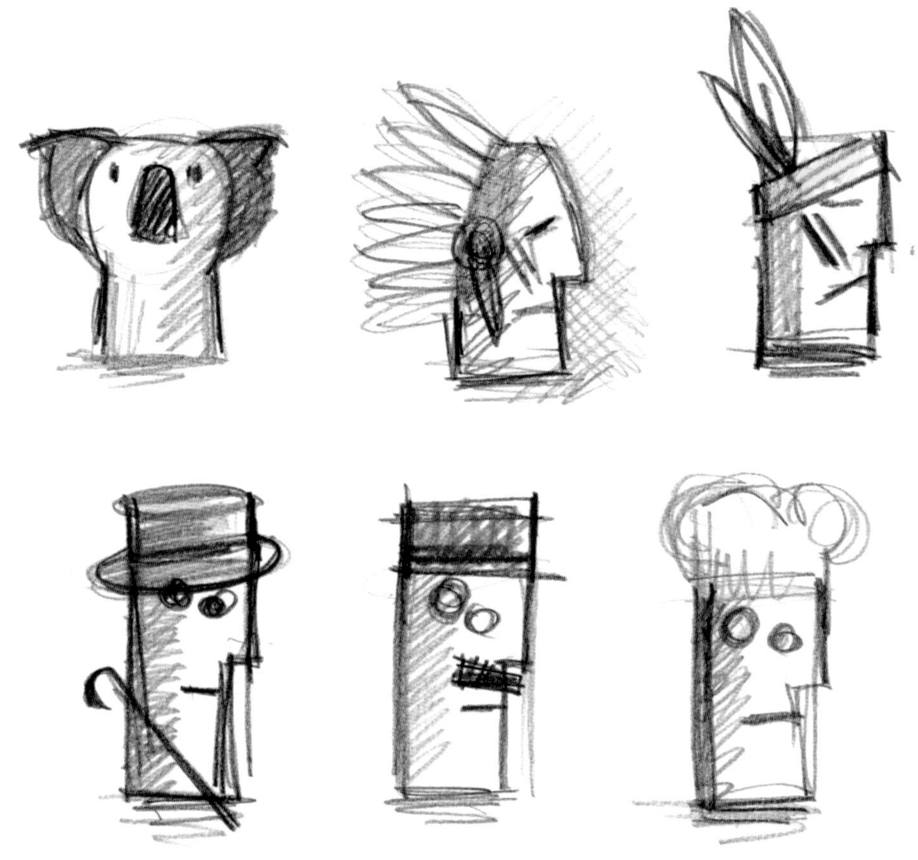

ZARA
KIDS GIRL

ZARA
KIDS GIRL

ZARA
KIDS GIRL

ZARA
KIDS BOY

ZARA
KIDS BOY

ZARA
KIDS BOY

飒拉儿童香水

飒拉儿童香水（ZARA KIDS）是针对 3 岁至 14 岁儿童的一款产品。为了帮助该香水更有效地吸引儿童消费者的注意，我们选择了插画的视觉语言模式为其设计了一组既可爱又滑稽的卡通形象。如图所示，我们利用精心挑选的颜色为该产品设计了两个十分典型的形象，即兔宝宝和机器人，产生了一种充满童趣且幽默的视觉效果；硬纸筒的使用是为了让每一个卡通形象都能够活灵活现，因为在筒套上按照眼睛的结构挖出相应的洞孔之后，内层的人物形象可以伴随着纸筒的旋转而灵活变动。这套作品较为独特的地方还在于它的包装盖并没有固定在硬纸筒的原基部位，这也就意味着无论你怎样转动筒盖，所展现在你面前的形象总会呈现不一样的特点。

设计师：拉维尼娅 & 西恩富戈斯
国家：西班牙
设计机构：拉维尼娅 & 西恩富戈斯
创意总监：纳舒 · 拉维尼娅、阿尔贝托 · 西恩富戈斯
客户：盈迪德（飒拉）

ZARA
BABY BOY
Eau de Toilette
ZARA
BABY BOY
Eau de Toilette
ZARA
BABY GIRL
ZARA
BABY GIRL
Eau de Toilette

飒拉游戏

这是飒拉公司为 1 岁至 3 岁的婴儿所生产的一种香水。为了帮助该香水更有效地满足婴儿心理的诉求，我们使用了充满童趣的视觉语言为其设计了一组既复古又新潮的品牌形象。我们采用了趣味经典的积木式盒体来引导婴儿去阅读包装上的字母与数字，而多个包装所拼凑而成的英文字母“PLAY”（游戏），简约且生动。积木游戏以板块累积的形式让人们从中得到乐趣，而这款以积木原理所制作的香水包装，其目的就是让宝宝能够在轻松幽默的模式下，感受到欢快与乐趣。

设计师：拉维尼娅 & 西恩富戈斯
国家：西班牙
设计机构：拉维尼娅 & 西恩富戈斯
创意总监：纳舒·拉维尼娅、阿尔贝托·西恩富戈斯
客户：盈迪德（飒拉）

克罗恩燕麦片

克罗恩（Kölln）是位于德国的一家致力于生产高档燕麦的品牌制造商，其产品现已在西班牙出售，所以我们需要为其打造一款适合西班牙市场的包装，进而对该品牌重新定位。为了帮助 FCB 全球广告公司更有力地在西班牙推广克罗恩燕麦，我们将这款新型包装设计得十分亲切和精细，使其能够在市场上脱颖而出。我们通过精心搭配色彩，传递了这款牛奶什锦早餐所拥有的那种平凡而多样的口味；活版印刷与 2D 餐碗的视觉形态，打造了一个半圆的焦点结构，而这种模切窗口不仅能展现出克罗恩麦片的自然状态，还可以体现出该作品制作工艺的精湛与细腻。

设计师：拉维尼娅 & 西恩富戈斯
国家：西班牙
设计机构：拉维尼娅 & 西恩富戈斯
创意总监：纳舒 · 拉维尼娅、阿尔贝托 · 西恩富戈斯
客户：FCB 广告公司

Kölln
muesli
integral
con fruta
con copos de avena integrales y
pipas de girasol crujientes
500 g

Kölln
muesli
crujiente
miel y nuez
con copos de avena integrales y
anacardos, avellanas y almendras
500 g

Kölln
muesli
crujiente
yogur
y frambuesa
con trocitos crujientes de yogur
y frambuesas
500 g

Kölln
muesli
chocolate y
cereza
con copos de avena integrales y
chocolate fino de sabor intenso (60% cacao)
500 g

ETNIA 欢乐干线

水果、口香糖、饼干和莫吉托（一种由五种材料制成的鸡尾酒）已经成为了平凡人士日常消耗的产品，而 ETNIA 在此基础上给人们推出一种更为新潮的日用品——“欢乐”系列，即润肤露（Happybodys）和沐浴露（Happygels）。为了使其能够更有效地传达给年轻人，我们以插画（以蚀刻印刷技术绘制连载插画）的形式赋予了瓶装容器一种轻松幽默的艺术风格。

设计师：拉维尼娅 & 西恩富戈斯
国家：西班牙
设计机构：拉维尼娅 & 西恩富戈斯
创意总监：纳舒・拉维尼娅、阿尔贝托・西恩富戈斯
客户：ETNIA 化妆品

什锦水果

水果所含有的营养成分有益于人们的皮肤护理。什锦水果是一款含有果汁和鸡尾酒元素的时尚化妆品，该产品充分融合了营养、健康、自然、美味及芳香的理念。
该产品的设计形式既清晰简约又靓丽醒目。该产品仅限于在梅尔卡多纳（Mercadona）连锁店中销售。

设计师：拉维尼娅 & 西恩富戈斯
国家：西班牙
设计机构：拉维尼娅 & 西恩富戈斯
创意总监：纳舒・拉维尼娅、阿尔贝托・西恩富戈斯
客户：RNB 实验室

FRUIT
fusion
HIGO+FREESIA
bodycream

FRUIT
fusion

FRUIT
fusion

FRUIT
fusión
HIGO+FREESIA

SIDI GHANEM
MARRAKECH
ETNIA

SEDDON
MELBOURNE
ETNIA

OSCAR FREIRE
SAO PAULO
ETNIA

M50
SHANGHAI
ETNIA

HACKESCHER MARKT
BERLIN
ETNIA

BRERA
MILANO
ETNIA

OMOTESANDO
TOKYO
ETNIA

MISSION
SAN FRANCISCO
ETNIA

PALERMO SOHO
BUENOS AIRES
ETNIA

ETNIA 香水

气味可以唤醒旧时的记忆，引领我们去追寻自己在城市旅行中所留下的步伐与足迹。ETNIA 香水意在带领人们去游览大型城市中最为著名的时尚景区，例如伦敦众所周知的商业广场、北京红砖巷的 798 文艺工厂及天津富有欧式风格的五大道景区等。这款香水的设计灵感来源于对世界各地社区与街道的认知，是以结构图形的元素加以设计的。圆形瓶的内部呈现了街区地图，瓶身材质的放大效果使消费者可以完全透过容器看清地图上的街道。

设计师：拉维尼娅 & 西恩富戈斯
国家：西班牙
设计机构：拉维尼娅 & 西恩富戈斯
创意总监：纳舒 · 拉维尼娅、阿尔贝托 · 西恩富戈斯
客户：ETNIA 化妆品

Delhaize 速食汤

简约的视觉语言赋予该产品的原料以生命，这种写实图片也能渲染出一种幽默的艺术效果。如图所示，服务员双手的浪漫姿态，映射了这款产品的高质量，手部的黑白照片与加粗的黑字达成平衡；托盘上盛置的烹饪原料，其大小与色彩以夸张的形式突出了汤料蔬菜的自然品质，幽默而又独特。祝您胃口好！

设计师：拉维尼娅 & 西恩富戈斯
国家：西班牙
设计机构：拉维尼娅 & 西恩富戈斯
创意总监：纳舒·拉维尼娅、阿尔贝托·西恩富戈斯
客户：Delhaize 速食汤

DELHAIZE
SOUP
600ml

DELHAIZE
SOUP
600ml

DELHAIZE
SOUP
600ml

DELHAIZE
SOUP
600ml

Codizia 女性香水

Codizia 是针对那些注重高品质的女性消费者推出的一款优质香水，但这款香水的价格比市面上的同类产品要低得多。这款产品的瓶装设计旨在传达一种高雅、个性且成熟的品质，正如您所看到的，该产品的容器是圆形轮廓的，其金色表面与光滑的白色内层在相互映衬下形成了一种发光的艺术效果。该产品只限在梅尔卡多纳连锁商店中进行销售。

设计师：拉维尼娅 & 西恩富戈斯
国家：西班牙
设计机构：拉维尼娅 & 西恩富戈斯
创意总监：纳舒·拉维尼娅、阿尔贝托·西恩富戈斯
客户：RNB 实验室

CODIZIA
EAU DE PARFUM
100ml e

避孕药包装设计

罩板包装（硬底上有凸起透明罩的包装）对于携带避孕药而言是一种安全有效的方法，但这种包装往往很难打开。鉴于此，我们按照美国当前的产业标准制作了一款漂亮的包装，标签为拉环式，清晰描述了药丸应当如何服用；该包装以折纸与胶水制作，可循环利用。包装拉环两端可对接成为一个装饰性的钥匙链。

设计师：克莱拉 · 拉姆、达 · 麦克卡什
国家：美国
设计机构：华盛顿大学（学生作品）
指导老师：马格纳斯 · 费尔教授
摄影师：克莱拉 · 拉姆、达 · 麦克卡什

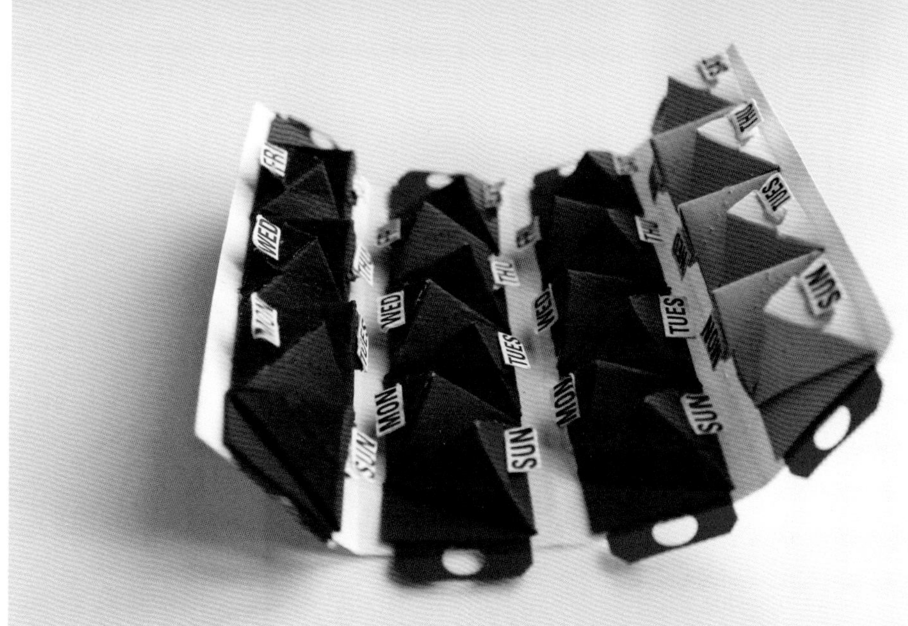

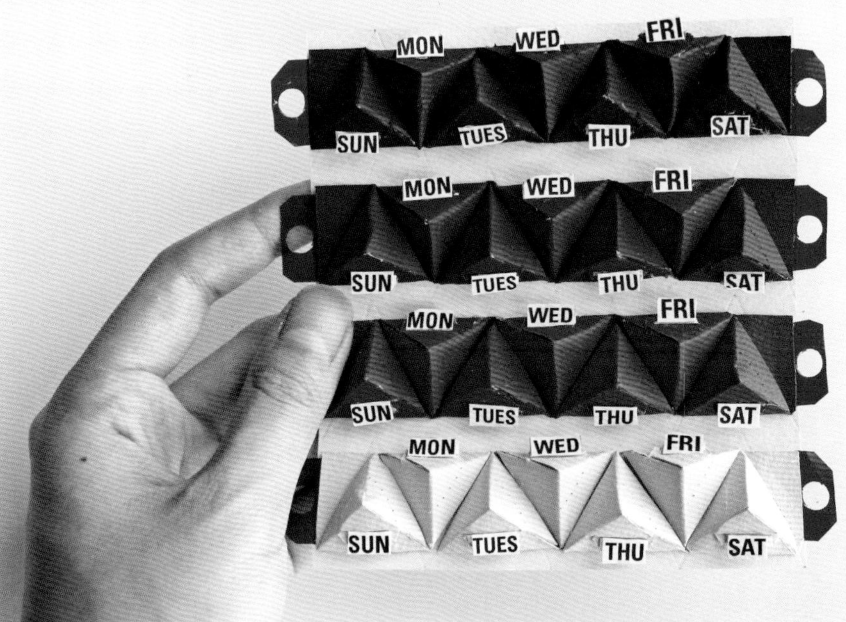
MON WED FRI
SUN TUES THU SAT
MON WED FRI
SUN TUES THU SAT
MON WED FRI
SUN TUES THU SAT
MON WED FRI
SUN TUES THU SAT

TUES THU SAT
TUES THU
SUN TUES THU SAT
SUN TUES THU SAT

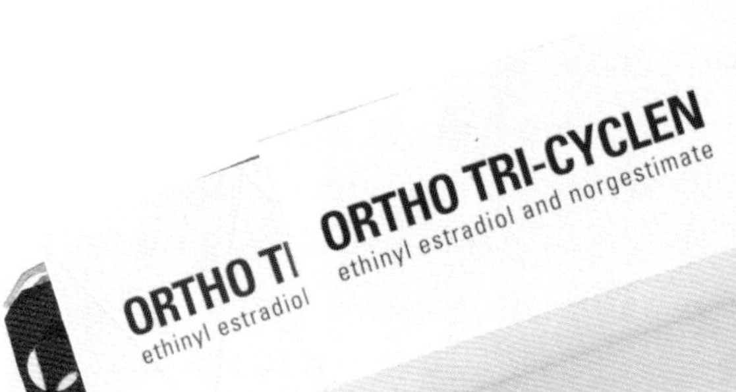

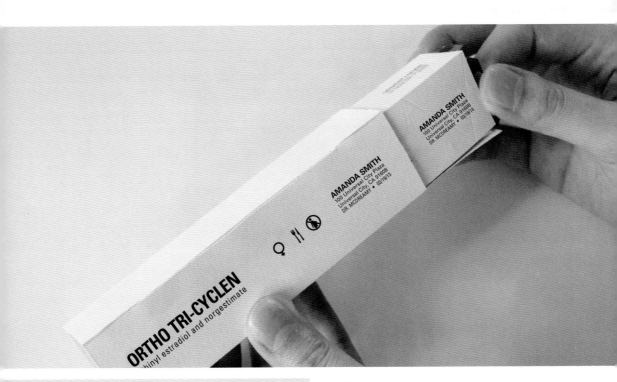

避孕药包装设计

设计师：克莱拉·拉姆、达·麦克卡什

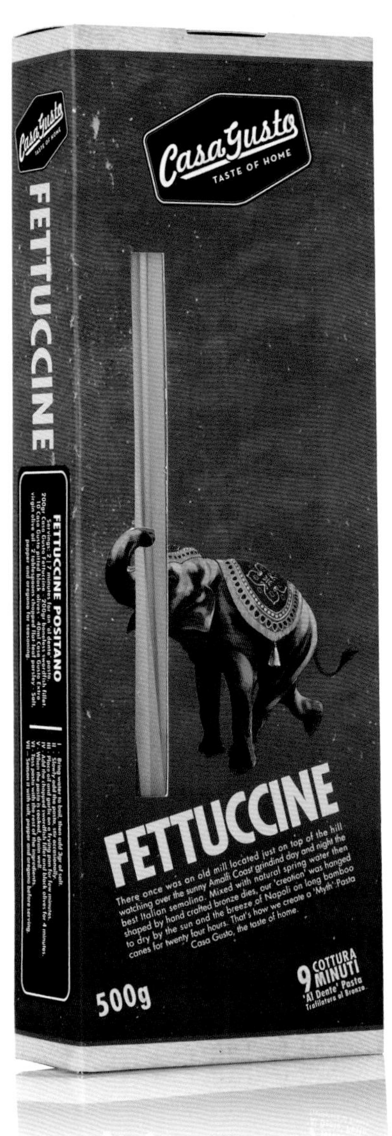

Casa Gusto 食品包装

Casa Gusto 包装设计旨在追溯 20 世纪 50 年代意大利马戏团的表演，在那段时期，Casa Gusto 所有人的父亲，曾追随马戏团观看表演并在各地收集优质原料。如图所示，这套包装的画面绽放出独特的视觉风格，以一种绚丽的姿态展现了该产品的个性与活力。

设计师：托尼・伊博森、梅拉・莫诺比
国家：澳大利亚
设计机构：创意方法工作室
创意总监：托尼・伊博森
客户：Casa Gusto 食品

CasaGusto
TASTE OF HOME
OLIO DI OLIVA
EXTRA VERGINE
EXTRA VIRGIN OLIVE OIL
In un mulino celato nell'entroterra, dal suolo rustico vengono coltivate le olive migliori poi spremute a freddo appena dopo la raccolta per estrarre dalla loro polpa un liquido dorato che trasuda un sapore ricco e intenso: 'Nettare degli Dei'. Olio Extra Vergine Casa Gusto e' prodotto solo dalle olive migliori. Un extra vergine fruttato e pieno di sapore, la rifinitura perfetta per ogni delicatezza da buongustaio.
Contenuto Netto 4L

CasaGusto
TASTE OF HOME
MIX
BEANS
Net Weight 400g
CasaGusto
TASTE OF HOME
RED KIDNEY
BEANS
Net Weight 400g
CasaGusto
TASTE OF HOME
BORLOTTI
BEANS
Net Weight 400g
CasaGusto
TASTE OF HOME
CANNELLINI
BEANS
Net Weight 400g
CasaGusto
TASTE OF HOME
CRUSHED
TOMATOES
We've diced whole, ripe Italian tomatoes and served them fresh in their own rich sauce, unspoiled by additives or preservatives. Idyllic for pizza or pasta dishes, or served atop crusty garlic bread with a drizzle of pure olive oil and fresh herbs.
Net Weight 2.5Kg
CasaGusto
TASTE OF HOME
WHOLE PEELED
TOMATOES
We've spent the length of the Italian summer picking the finest tomatoes from Napoli's rustic countryside, then hand-peeled and marinated them in a thick, robust salsa just for you! Celebrate the vivacity of its flavour by enjoying it in any of mamma's home-cooked meals!
Net Weight 2.5Kg
K

Casa Gusto 食品包装

设计师：托尼·伊博森、梅拉·莫诺比

Casa Gusto 食品包装

设计师：托尼·伊博森、梅拉·莫诺比

CasaGusto
TASTE OF HOME
CASA GUSTO MINERALE
FRIZZANTE
SPARKLING SPRING WATER
FROM THE SECRET SPRING OF
FONTE BAUDA
APPROVED FROM ALL THE ITALIAN MAMAS CasaGusto
1litre E NET
PRODUCT OF ITALY
PRODOTTO DI ITALIA

CasaGusto
TASTE OF HOME
CASA GUSTO MINERALE
NATURALE
STILL SPRING WATER
FROM THE SECRET SPRING OF
FONTE BAUDA
APPROVED FROM ALL THE ITALIAN MAMAS CasaGusto
500ml. E NET
PRODUCT OF ITALY
PRODOTTO DI ITALIA

古斯曼与戈麦斯（Guzman Y Gomez）包装设计

设计师：托尼·伊博森
国家：澳大利亚
设计机构：创意方法工作室
创意总监：托尼·伊博森
客户：古斯曼与戈麦斯

TAKAREAH
VALLARTA
GUZMAN Y GOMEZ
Taquería
TA KA RE AH

GUZMAN Y GOMEZ
Taquería
SELECTED
CUTS OF BEEF,
AND SKINLESS FREE
CHICKENS. WE
USE ONLY OCEAN FRESH
SEAFOOD, FRESH GARDEN
VEGETABLES AND ARE
EQUALLY STRICT WITH
ALL OUR SEASONINGS.
THIS IS FOOD
TRADITIONALLY HIGH
IN NUTRIENTS, PACKED
WITH VITAMINS AND
LOW IN FAT. WITH ONLY
THE EXCEPTION OF
OUR TOTOPOS, NOTHING
IS COOKED IN OIL.
Mexicano, Delicioso

Mexicano, Delicioso
HAY COCINA AUTÉNTICA
MEXICANA MEJOR QUE ESTA.
SELECCIONADO LOS
CORTES DE CARNE,
PECHUGA DE POLLO,
MARISCOS FRESCOS Y
DEL JARDÍN.
EXCEPCIÓN DE LOS
(Y EL PESCADO AL
NADA ES FRITO.
AUTÉNTICOS,
AQUÍ.
GUZMAN Y GOMEZ
Mexicano, Delicioso
GUZMAN Y GOMEZ
Taquería

古斯曼与戈麦斯包装设计

设计师：托尼·伊博森

GUZMAN Y GOMEZ
Mexican Taqueria
Authentic
BURRITO KIT
495g
MAKES 8, READY IN 15 MINUTES
KIT CONTAINS: 8 FLOUR TORTILLAS, BURRITO SEASONING, MILD MEXICAN SALSA
JUST AD: 600 CHICKEN FILLETS, TOMATOES, LETTICE, TASTY CHEESE

GUZMAN Y GOMEZ
Taqueria

CARNITAS-POLLO BORACHO ABKIMOS 9AM-7PM-2AM
SE HACE TAMALES Y
COMIDA PARA FIESTAS
GUZMAN Y GOMEZ
Taqueria
Y GOMEZ
Taqueria

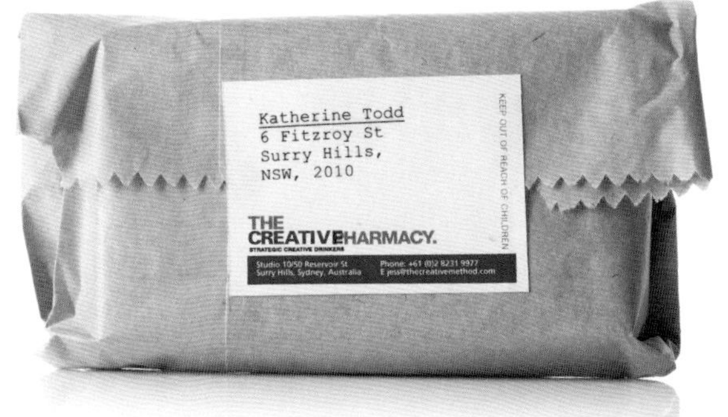
Katherine Todd
6 Fitzroy St
Surry Hills,
NSW, 2010
THE CREATIVEPHARMACY.
Studio 10/50 Reservoir St
Surry Hills, Sydney, Australia
Phone: +61 (0)2 8231 9977
E jess@thecreativemethod.com
KEEP OUT OF REACH OF CHILDREN

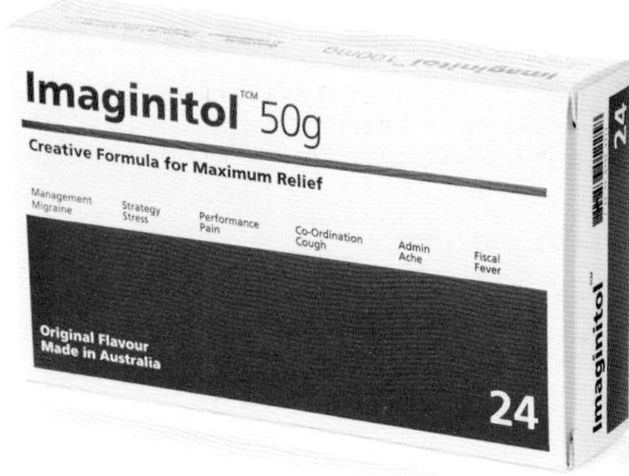
Imaginitol™ 50g
Creative Formula for Maximum Relief
Management Migraine
Strategy Stress
Performance Pain
Co-Ordination Cough
Admin Ache
Fiscal Fever
Original Flavour
Made in Australia
24
Imaginitol™
24

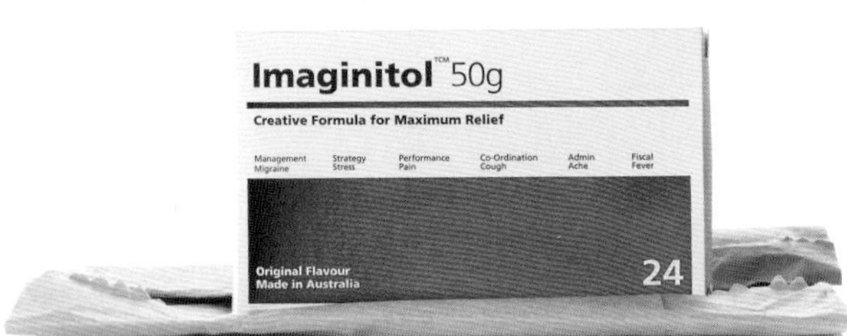
Imaginitol™ 50g
Creative Formula for Maximum Relief
Management Migraine
Strategy Stress
Performance Pain
Co-Ordination Cough
Admin Ache
Fiscal Fever
Original Flavour
Made in Australia
24

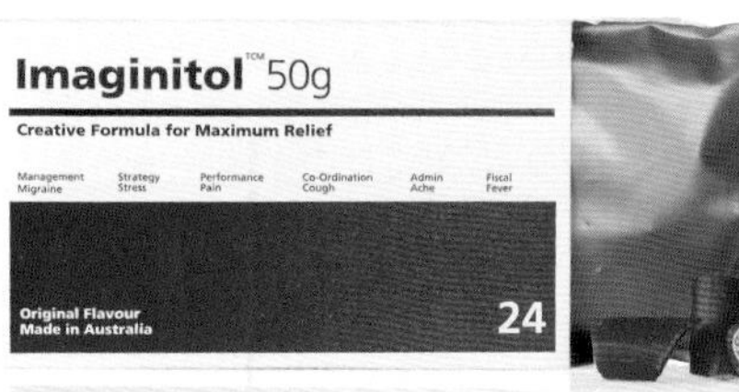
Imaginitol™ 50g
Creative Formula for Maximum Relief
Management Migraine
Strategy Stress
Performance Pain
Co-Ordination Cough
Admin Ache
Fiscal Fever
Original Flavour
Made in Australia
24

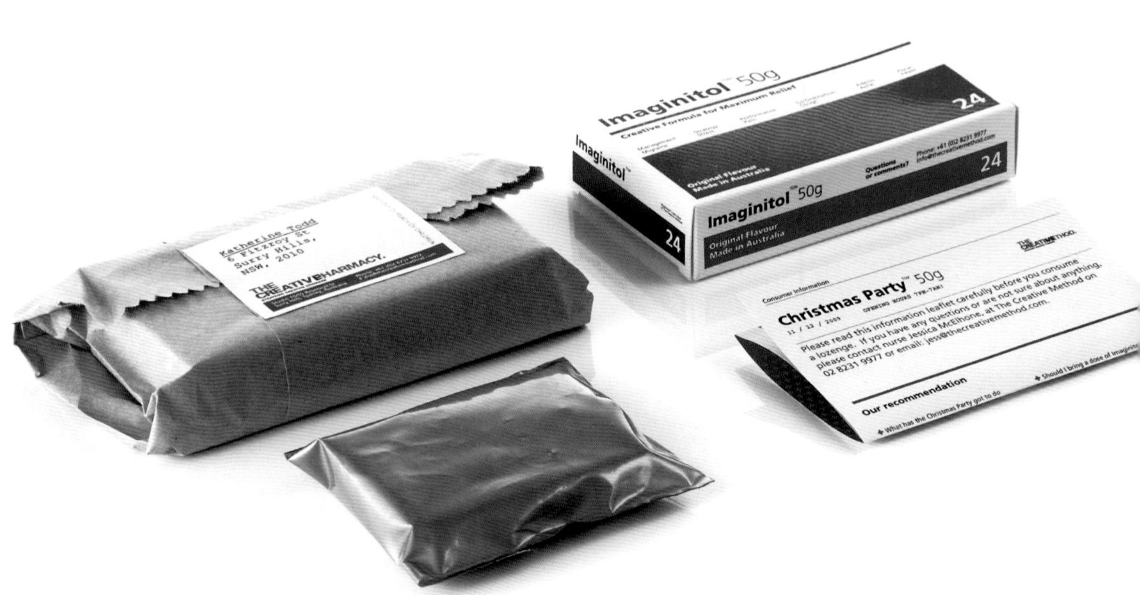
Imaginitol™ 50g
Creative Formula for Maximum Relief
24
Imaginitol™
Original Flavour
Made in Australia
Imaginitol™ 50g
Original Flavour
Made in Australia
24
Katherine Todd
6 Fitzroy St
Surry Hills,
NSW, 2010
THE CREATIVEPHARMACY.
Consumer Information
Christmas Party™ 50g
Please read this information leaflet carefully before you consume a lozenge. If you have any questions or are not sure about anything, please contact nurse Jessica McElhone, at The Creative Method on 02 8231 9977 or email: jess@thecreativemethod.com.
Our recommendation

Imaginitol

这是一款趣味圣诞派对邀请函。
这款邀请函的创意理念，能够使各位来宾对此次派对产生浓厚的兴趣；邀请函所具有的那种风趣幽默，也使其区别于其他传统意义上的邀请函。
我们将邀请函设计为能解决创意难题的处方，药片状糖块在装入纸袋被寄送出去之前，我们会以电子邮件的形式为嘉宾免费提供一份医生开出的处方。
包装盒里面装有邀请函和药片糖块，圣诞派对上也有员工扮演医生的节目。总之，这款包装盒和邀请函是针对新型企业招商纳客所设计的创新作品。

设计师：托尼·伊博森
国家：澳大利亚
设计机构：创意方法工作室
创意总监：托尼·伊博森
客户：古斯曼与戈麦斯

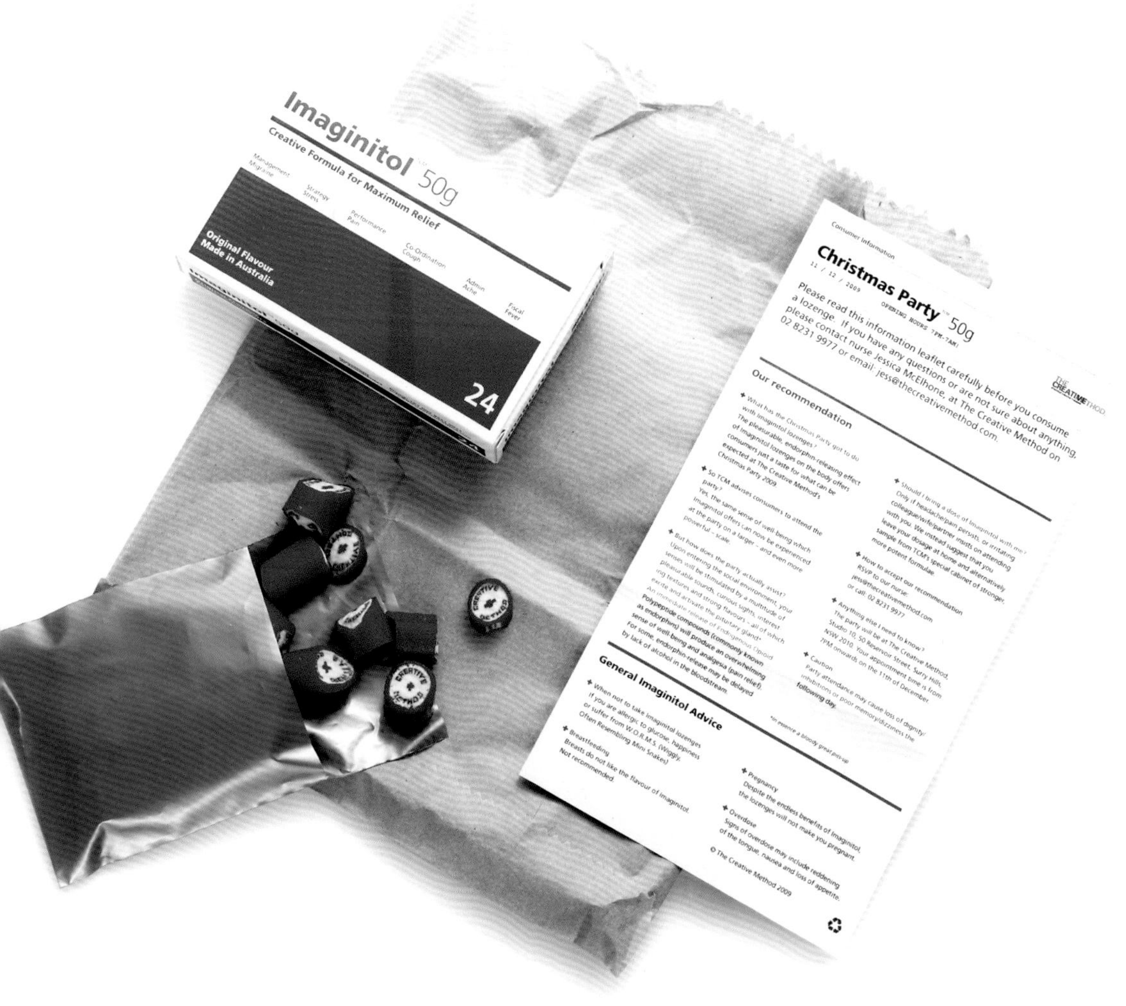

COTSWOLD
Product of New Zealand
Qty : 2.856 kg
over the moon

Over The Moon

这是为新西兰芝士公司所打造的一款品牌形象设计，其风格体现了当地熟食店及欧式品牌的传统特色。该作品的受众主要是那些经常在大型超市中购买精品奶酪的消费者。个性、工艺和当代的美学风格烘托了铅笔字体在包装上的视觉效果，使其格外出众；包装纸上有一段手写的童谣儿歌“滴嘟滴嘟”（Hey diddle diddle），这首儿歌能给予人们一种温暖，从而体会奶酪的生产过程。

设计师：托尼 · 伊博森
国家：澳大利亚
设计机构：创意方法工作室
创意总监：托尼 · 伊博森
客户：Over The Moon 奶制品

圣克莱尔

这是为斯米诺（Smirnoff）新产品所制作的一款伏特加标签和包装设计。斯米诺是一种纯天然酿造的伏特加，而设计这套作品的核心目的就是为了突出该产品纯正的清新口味。如图所示，这款包装的形式风格旨在反映斯米诺伏特加所具有的那种简约纯正的时代特色，而其包装的核心目标，即在展现该产品的神韵色彩和其酿造过程的精密程度；瓶子与包装的形状和构造是按照预先设计好的方案制作的。

设计师：梅拉·莫诺比
国家：澳大利亚
设计机构：创意方法工作室
创意总监：托尼·伊博森
客户：圣克莱尔

马尔堡山谷葡萄酒

这是为马尔堡山谷葡萄酒（Marlborough Sun）重新设计的一款品牌标签（包括品牌命名与形象塑造），其目的是将该品牌在全球市场的名气推向一个新的高度。我们为马尔堡山谷葡萄酒设计的这款标签，致力于使其与其他的商标有所不同。我们不仅要让它在货架上与众不同，还要让它以一种轻松幽默的感觉来传达品牌的视觉语言。从设计与商业的双重角度而论，如果我们每年都能对葡萄酒的标签进行升级的话，势必会对产品和品牌的传播有很大的好处，在这种模式下，不仅消费者可以在新潮的标签引导下选择他们最心爱的葡萄酒，葡萄酒本身的品牌形象也可以借此展现其独具特色的视觉风貌。

设计师：安迪·延托
国家：澳大利亚
设计机构：创意方法工作室
创意总监：托尼·伊博森
客户：马尔堡山谷葡萄酒

Take my top off
Marlborough Sun
PRODUCED IN NEW ZEALAND
2008 Chardonnay
Take my top off
Marlborough Sun
PRODUCED IN NEW ZEALAND
2008 Pinot Gris
Take my top off
Marlborough Sun
PRODUCED IN NEW ZEALAND
2008 Pinot Noir
Take my top off
Marlborough Sun
PRODUCED IN NEW ZEALAND
2009 Sauvignon Blanc

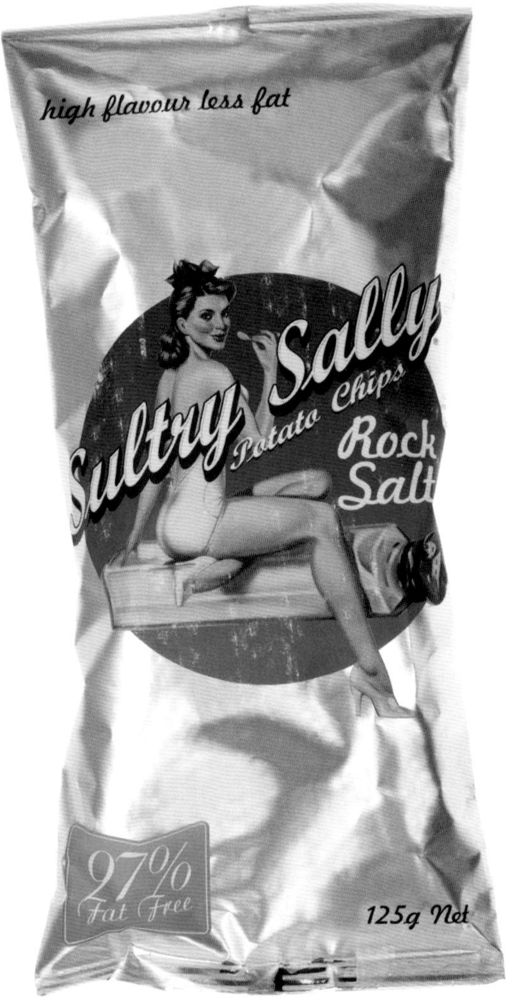

性感萨莉

这是为萨莉（Sally）低脂肪薯片所打造的一款系列包装设计，其目标受众主要是那些 25 岁至 35 岁的高学历女性。该包装旨在以一种直观、个性且与众不同的风格来使产品在澳大利亚市场上脱颖而出。包装上阿尔贝托·巴尔加斯（Alberto Vargas）所绘制的女子插画表现了 20 世纪 40 年代女性的健康与苗条。插画形象赋予了萨莉一种高品质、有个性、有态度的品牌形象。

设计师：托尼·伊博森
国家：澳大利亚
设计机构：创意方法工作室
创意总监：托尼·伊博森
客户：魔法土豆

high flavour less fat
Sultry Sally
Potato Chips
Cheese
& Onion
97%
Fat Free
125g Net

high flavour less fat
Sultry Sally
Potato Chips
Thai
Sweet Chilli
& Lime
97%
Fat Free
125g Net

接发的秘密

这是为坐落于高档沙龙商业区的一家接发公司打造的系列包装设计。接发在沙龙艺术中是一个未知的秘密，因此这款包装的创意理念就是为消费者揭开其神秘面纱。

该包装的艺术风格本应展现一种低调的美学姿态，但其丰富的个性因素和独特的内在品质，则使其在商品货架上显得十分新颖和出众。此外，这款包装的概念设计，清晰地阐明了它与发胶和假发之间的差异，而其精致的外观造型，也充分展现了一种朴素之美与工艺特色。

设计师：蒂姆・海耶尔
国家：澳大利亚
设计机构：创意方法工作室
创意总监：托尼・伊博森
客户：护发的秘密
插画师：蒂姆・海耶尔
艺术绘图：格雷格・科莱斯

HS
HAIR SECRETS
HAIR EXTENSIONS
Natalie Padjan
M: 0402 227 525
P: 02 8883 2004
natalie@hairsecrets.com.au
Suite 225, 14 Lexington Drive
Norwest Business Park
Bella Vista NSW 2153
www.hairsecrets.com.au

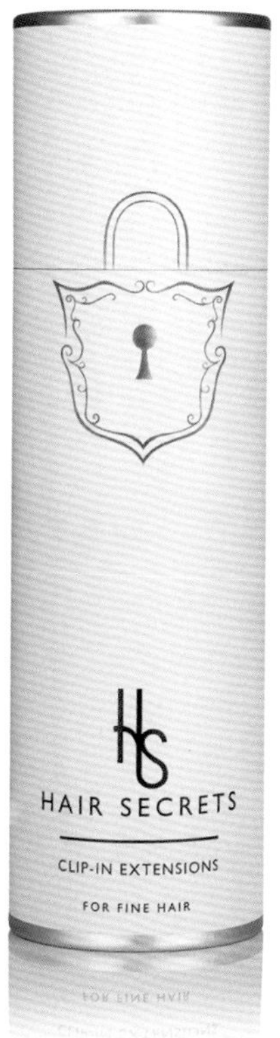
HS
HAIR SECRETS
CLIP-IN EXTENSIONS
FOR FINE HAIR

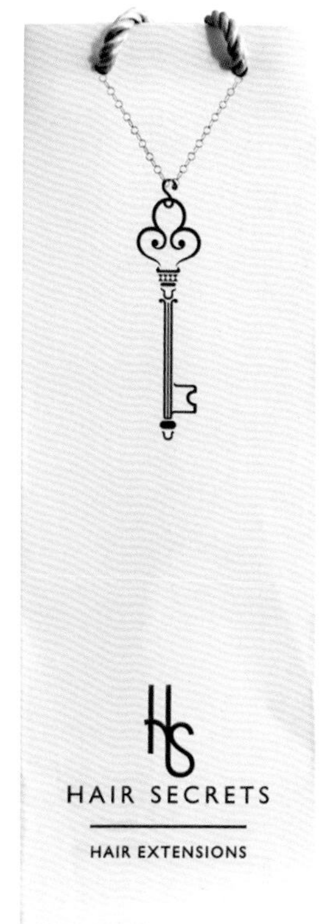
HS
HAIR SECRETS
HAIR EXTENSIONS

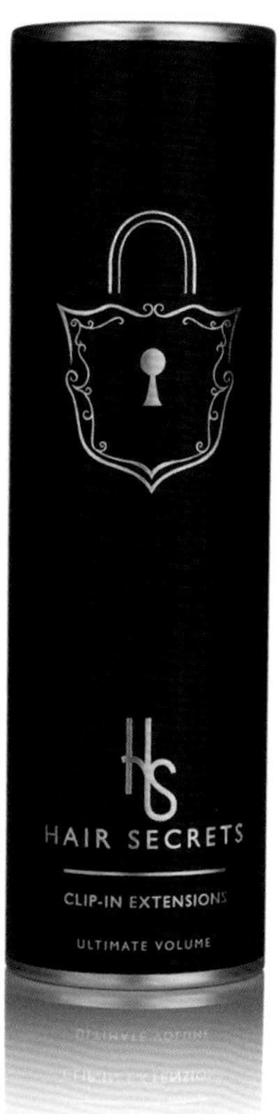
HS
HAIR SECRETS
CLIP-IN EXTENSIONS
ULTIMATE VOLUME

致谢

衷心感谢所有投稿本书的艺术家、设计师与设计机构，感谢所有参与本书设计与制作的工作人员、翻译人员以及印务公司，如果没有他们的努力与贡献，本书也不会以一种优美的姿态呈现在读者面前。重视所有朋友提出的宝贵意见和建议，我们一定会更加努力，坚持不懈地追求完美，让每一本书都以高品质的面貌呈现。

加入我们

如果您想加入 DESIGNERBOOK 的后续项目及出版物，请将您的作品及信息提交至 edit@designerbooks.com.cn。